"十三五"普通高等教育本科系列教材

U0149620

电气工程实训教程

鲍洁秋　主编

滕志飞　庞　佳　编写

王　森　主审

中国电力出版社
CHINA ELECTRIC POWER PRESS

内 容 提 要

本书为"十三五"普通高等教育本科系列教材。

本书以电动机、变压器和电力电缆的检修与测试操作技能为主线，系统地介绍上述三种电气设备的结构和原理，以及常用检修拆装工具、仪表和电工材料；结合实训项目要求，重点讲解电动机和变压器的拆卸、安装和检修过程，以及检修后的试验操作规范和要求；详细介绍电力电缆安装施工工艺，以及必要试验项目的操作规范和要求。本书共三篇九章，内容由浅入深，强化基础，注重实践，实用性强，符合普通高等院校电气类专业"电气工程实训"课程的教学要求，能够突出学生实际操作能力的培养。

本书主要作为普通高等院校电气类专业的电气工程实训课程教材，也可作为电气设备检修技术人员的培训教材，还可供广大电气工作者自学和参考。

图书在版编目（CIP）数据

电气工程实训教程/鲍洁秋主编；滕志飞，庞佳编写．—北京：中国电力出版社，2020.8（2024.7 重印）

"十三五"普通高等教育本科规划教材

ISBN 978-7-5198-4593-3

Ⅰ.①电…　Ⅱ.①鲍…　②滕…　③庞…　Ⅲ.①电工技术—高等学校—教材　Ⅳ.①TM

中国版本图书馆 CIP 数据核字（2020）第 065630 号

出版发行：中国电力出版社
地　　址：北京市东城区北京站西街 19 号（邮政编码 100005）
网　　址：http：//www.cepp.sgcc.com.cn
责任编辑：牛梦洁（mengjie-niu@sgcc.com.cn）
责任校对：黄　蓓　马　宁
装帧设计：郝晓燕
责任印制：吴　迪

印　　刷：北京锦鸿盛世印刷科技有限公司
版　　次：2020 年 8 月第一版
印　　次：2024 年 7 月北京第六次印刷
开　　本：787 毫米×1092 毫米　16 开本
印　　张：10.5
字　　数：252 千字
定　　价：35.00 元

前　　言

本书为"十三五"普通高等教育本科系列教材，满足普通高等院校培养高级应用型人才的需求，以强化基础、突出能力培养为目标，以注重实际应用为原则。本书帮助学生掌握设备基本结构和原理，在此基础上强化学生的设备拆装、检修基本操作技能和故障排查与测试的综合操作技能。通过理论学习和实操训练，学生可拥有对三种电气设备的检修与测试能力，具备一个电气工作者的基本素质。

本书紧紧围绕普通高等院校电气类专业的"电气工程实训"教学内容进行编写，符合电气工程实训教学大纲的要求。本书内容由浅入深，强化基础，注重实践，实用性强。本书从电动机、变压器和电力电缆三种电气设备的基本结构开始讲解，介绍常用拆装工具、测试仪表和电工材料，结合实训项目需要，讲解了电动机、变压器检修测试方法及电缆接头施工工艺，并强调了操作技能要领和工作安全等注意事项，对接现行行业标准和规范。

本书共三篇九章，第一篇为三相异步电动机检修与测试，其中第一章为三相异步电动机工作原理及检修器具，介绍电动机检修工具、材料和仪表；第二章为笼型电动机的拆装与零部件检修，重点讲解电动机的安装和拆卸方法，以及各零部件的检修内容；第三章为笼型电动机定子绕组检修及运行测试，包括绕组的计算和重绕更换过程；电动机基本参数的测试、故障检查方法。本书第二篇为变压器检修与试验，其中第四章为变压器基础知识及检修，讲解变压器的检修，重点讲解变压器的拆装检修方法；第五章为变压器的试验，讲解变压器检修后的试验项目及操作方法。本书第三篇为电力电缆检修与测试，其中第六章为电力电缆基础知识，讲解电力电缆的种类、结构及电力电缆施工安装工具；第七章为交联电缆热缩接头制作工艺，讲解 10kV 和 35kV 交联聚乙烯电缆热缩接头制作工艺；第八章为交联电缆冷缩接头制作工艺，讲解 15kV 和 35kV 交联聚乙烯电缆冷缩接头制作工艺；第九章为电力电缆测试，讲解电缆的测试方法及操作方法，包括电缆的绝缘性能测试和故障测试等。

本书由沈阳工程学院鲍洁秋主编，第一～三章由沈阳工程学院滕志飞编写，第四、五章由滕志飞与特变电工沈阳变压器集团有限公司（特变电工沈变公司）庞佳共同编写，第六～九章由鲍洁秋编写，全书由鲍洁秋统稿。在编写本书过程中，编者参阅了大量文献和资料，在此谨向这些文献作者表示衷心的感谢。

本书由沈阳工程学院王森主审，王森老师对初稿提出了宝贵的修改意见和建议，在此表示衷心感谢。

限于作者水平，书中难免存在疏漏之处，诚盼读者批评指正。

作者

2019 年 9 月于沈阳

目 录

第一篇 三相异步电动机检修与测试

电机是指依据电磁感应定律实现电能转换或传递的一种电磁装置。电动机的主要作用是产生驱动转矩，作为用电器或各种机械的动力源，在电路中用字母 M 表示。电动机按工作电源种类可分为直流电动机和交流电动机，按结构和工作原理可分为异步电动机和同步电动机。

异步电动机是一种交流电动机，因其转子绕组中的电流是由电磁感应产生的，所以又称感应电动机。

异步电动机不但结构简单，价格低廉，使用维修方便，而且效率较高，工作特性较好，因此广泛地应用于工农业生产中。异步电动机作为拖动一般机械设备的动力，是各种电动机中应用最普遍、需求量最大的一种，其中又以中小型异步电动机占大多数。按照相数的区别，异步电动机分为单相和三相两类，生产上使用的绝大部分是三相异步电动机。按照转子绕组形式的不同，异步电动机可分为笼型和绕线式两种。笼型异步电动机的转子绕组本身自成闭路，其转子形成一个坚实的整体，这样的转子结构比绕线型转子要简单得多，因而坚固耐用，成本低廉，维护方便。现实生产中使用最普遍的绝大部分是中小型三相笼型异步电动机。所以，本篇将主要介绍中小型笼型三相异步电动机的检修与测试方法。

第一章 三相异步电动机工作原理及检修器具

第一节 三相异步电动机工作原理与铭牌参数

一、三相异步电动机的工作原理

三相异步电动机是利用定子绕组中三相交流电所产生的旋转磁场与转子绕组内的感应电流相互作用而工作的。

1. 三相交流电的旋转磁场

旋转磁场是一种极性和大小不变，且以一定转速旋转的磁场。理论分析和实践证明，在对称的三相绕组中通入对称的三相交流电流时会产生旋转磁场。图 1-1 所示为三相异步电动机的定子绕组，每相绕组只用一匝线圈来表示；三个线圈在空间位置上相隔 $120°$，作星形连接。

把定子绕组的三个首端 U1、V1、W1 同三相电源接通，这样，定子绕组中便有对称的三相电流 i_1、i_2、i_3 流过，其波形如图 1-2 所示。图中规定电流的参考方向由首端 U1、V1、W1 流进，从末端 U2、V2、W2 流出。

为了分析对称三相交流电流产生的合成磁场，可以通过研究几个特定的瞬间来分析整个过程。

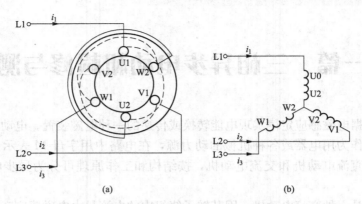

图 1-1　三相异步电动机的定子绕组

(a) 三相定子绕组的布置；(b) 三相绕组星形连接

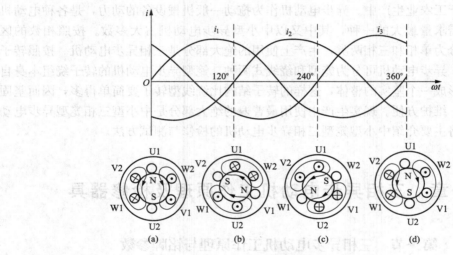

图 1-2　两极旋转磁场的产生

(a) $\omega t = 0°$；(b) $\omega t = 120°$；(c) $\omega t = 240°$；(d) $\omega t = 360°$

(1) 当 $t = 0$ 时，$i_1 = 0$，第一相绕组（V1、V2 绕组）此时无电流；i_2 为负值，第二相绕组（V1、V2 绕组）中的实际电流方向与规定的参考方向相反，即电流从末端 V2 流入，从首端 V1 流出；i_3 为正值，第三相绕组（W1、W2 绕组）中的实际电流方向与规定的参考方向一致，即电流是从首端 W1 流入，从末端 W2 流出，如图 1-2（a）所示。运用右手螺旋定则，可确定这一瞬间的合成磁场。从磁力线图来看，这一合成磁场和一对磁极产生的磁场一样，相当于一个 N 极在上、S 极在下的两极磁场，合成磁场的方向此刻是自上而下。

(2) 当 $\omega t = 120°$ 时，i_1 为正值，电流从 U1 流进，从 U2 流出；$i_2 = 0$，i_3 为负值，电流从 W2 流进，从 W1 流出。用同样的方法可画出此时的合成磁场，如图 1-2（b）所示。可以看出，合成磁场的方向按顺时针方向旋转了 120°。

(3) 当 $\omega t = 240°$ 时，i_1 为负值，i_2 为正值，$i_3 = 0$，此时的合成磁场又顺时针方向旋转了 120°，如图 1-2（c）所示。

（4）当 $\omega t = 360°$ 时，$i_1 = 0$，i_2 为负值，i_3 为正值，此时的合成磁场又顺时针方向旋转了120°，如图1-2（d）所示。此时电流流向与 $\omega t = 0°$ 时一样，合成磁场与 $\omega t = 0°$ 相比，共转了360°。

由此可见，随着定子绕组中三相电流的不断变化，它所产生的合成磁场也不断地向一个方向旋转，当正弦交流电变化一周时，合成磁场在空间也正好旋转一周。

上述电动机的定子每相只有一个线圈，所得到的是两极旋转磁场，相当于一对N、S磁极在旋转。如果想得到四极旋转磁场，可以把线圈的数目增加1倍，即每相有两个线圈串联组成，这两个线圈在空间相隔180°，这样定子各线圈在空间相隔60°。当这六个线圈通入三相交流电时，就可以产生具有两对磁极的旋转磁场。

具有 p 对磁极时，旋转磁场的转速为

$$n_1 = \frac{60 f_1}{p}$$

式中：n_1 为旋转磁场的转速（又称同步转速），r/min；f_1 为定子电流频率，即电源频率，Hz；p 为旋转磁场的磁极对数。

国产三相异步电动机的定子电流频率都为工频50Hz。同步转速 n_1 与磁极对数 p 的关系见表1-1。

表 1-1　　　　　　　　　　　　同步转速与磁极对数的关系

磁极对数 p	1	2	3	4	5
同步转速 n_1/(r/min)	3000	1500	1000	750	600

2. 三相异步电动机工作过程

通过上述分析可以总结出三相异步电动机的工作过程为：当电动机的三相定子绕组（各相差120°电角度）通入三相对称交流电后，将产生一个旋转磁场，该旋转磁场切割转子绕组，从而在转子绕组中产生感应电流（转子绕组是闭合通路），载流的转子导体在定子旋转磁场作用下将产生电磁力，从而在电动机转轴上形成电磁转矩，驱动电动机旋转，并且电动机旋转方向与旋转磁场方向相同。

旋转磁场的旋转速度 n_1 称为同步转速。转子转动的方向与磁场的旋转方向是一致的，如果 $n = n_1$，则磁场与转子之间就没有相对运动，它们之间就不存在电磁感应关系，也就不能在转子导体中感应电动势、产生电流和形成电磁转矩。所以，异步电动机的转子速度不可能等于旋转磁场的同步转速，其他由此而得名。

转子转速 n 与旋转磁场转速 n_1 之差称为转差 Δn，转差 Δn 与同步转速 n_1 之比称为转差率 s，即

$$s = \frac{n_1 - n}{n_1}$$

转差率 s 是三相异步电动机的一个重要参数，它对电动机的运行有着极大的影响，其大小同样也能反映转子的转速，即

$$n = n_1(1 - s)$$

由于三相异步电动机工作在电动状态时，其转速 n 与同步转速方向一致，但是低于同步转速。如果以同步转速 n_1 的方向作为正方向，则 $0 < n < n_1$，可得转差率的范围为

$0<s<1$。在特殊情况下，三相异步电动机也可能工作在 $n>n_1(s<0)$ 和 $n<0(s>1)$ 的情况下，它们分别是回馈制动状态和反接制动状态。

对于普通三相异步电动机，为了使其在运行时效率较高，通常使它的额定转速略低于同步转速，故额定转差率 s_N 很小，一般在 2%～5%。

二、三相异步电动机的铭牌参数

1. 三相异步电动机的铭牌标注

三相异步电动机的铭牌标注如图 1-3 所示。在接线盒上方、散热片之间有一块长方形的铭牌，电动机的一些数据一般都在铭牌上标出，在维修时可以参考。

型号：Y-200L6-6	防护等级：54DF35
功率：10kW	电压：380V　　电流：19.7A
频率：50Hz	接法：△　　工作制：M
质量：72kg	绝缘等级：E
噪声限值：72dB	出厂编号：1568324

图 1-3　三相异步电动机的铭牌标注

2. 铭牌上参数的主要内容和意义

（1）型号。以图 1-3 为例，型号为 Y-200L6-6，其中 Y 表示异步电动机，200 表示机座的中心高度，L 表示机座（M 表示中机座、S 表示短机座），6 表示 6 极 2 号铁芯。电动机产品名称代号见表 1-2。

表 1-2　　　　　　　　　　　　　电动机产品名称代号

产品名称	新代号	汉字意义	旧代号
异步电动机	Y	异	J、JO、JS、JK
绕线式异步电动机	YR	异绕	JR、JRO
防爆型异步电动机	YB	异爆	JK
高启动转矩异步电动机	YQ	异启	JQ、JGQ
高转差率滑差异步电动机	YH	异滑	JH、JHO
多速异步电动机	YD	异多	JD、JDO

在电动机机座标准中，电动机中心高度和电动机外径有一定的对应关系，而电动机中心高度或电动机外径是根据电动机定子铁芯的外径来确定的。当电动机的类型、品种及额定数据选定后，电动机定子铁芯外径也能大致定下来，于是电动机外形、安装、冷却、防护等结构均可确定。为了方便选用，在表 1-3、表 1-4 中列出了小、中型三相异步电动机按中心高度确定机座号与额定数据的对照。

中、小型三相异步电动机的机座号与定子铁芯外径及中心高度的关系见表 1-3 和表 1-4。

表 1-3　　　　　　小型三相异步电动机按中心高度确定机座号与额定数据的对照

机座号	1	2	3	4	5	6	7	8
定子铁芯外径/mm	120	145	167	210	245	280	327	368
中心高度/mm	90	100	112	132	160	180	225	250

表 1-4		中型三相异步电动机按中心高度确定机座号与额定数据的对照			
机座号	11	12	13	14	15
定子铁芯外径/mm	560	650	740	850	990
中心高度/mm	375	450	500	560	620

（2）额定功率。额定功率是指在满载运行时三相异步电动机轴上所输出的额定机械功率，用 P 表示，以 kW（千瓦）或 W（瓦）为单位。额定功率是电动机工作的标准，图 1-3 中额定功率 10kW 表示当负载不大于 10kW 时，电动机才能正常工作，大于 10kW 时电动机比较容易损坏。

（3）额定电压。额定电压是指接到三相异步电动机绕组上的线电压，用 U_N 表示。三相异步电动机要求所接的电源电压值的变动一般不应超过额定电压的 ±5%。电压高于额定电压时，电动机在满载的情况下会引起转速下降，电流增加使绕组过热，电动机容易烧毁；电压低于额定电压时，电动机最大转矩也会显著降低，电动机难以启动，即使启动后电动机也可能带不动负载，容易烧坏。图 1-3 中额定电压 380V 说明该电动机为三相交流电 380 V 供电。

（4）额定电流。额定电流是指三相异步电动机在额定电压下，输出额定功率时，流入定子绕组的线电流，用 I_N 表示，以 A（安）为单位。若超过额定电流过载运行，三相电动机就会过热甚至烧毁。

三相异步电动机的额定功率与其他额定数据之间的关系式为

$$P_N = \sqrt{3} U_N I_N \cos\varphi_N \eta_N$$

式中：$\cos\varphi_N$ 为额定功率因数；η_N 为额定效率。

另外，三相异步电动机功率与电流的估算可用"1kW 电流为 2A"的估算方法。例如，功率为 10kW，电流为 20A（实际上略小于 20A）。

由于定子绕组的连接方式不同，因此额定电压不同，电动机的额定电流也不同。例如，额定功率为 10kW 时，其绕组作三角形连接时，额定电压为 220V，额定电流为 70A；其绕组作星形连接时，额定电压为 380V，额定电流为 72A。也就是说，铭牌上标明：接法——三角形/星形；额定电压——220/380V；额定电流——70/72A。

（5）额定频率。额定频率是指电动机所接的交流电源每秒钟内周期变化的次数，用 f 表示。我国规定标准电源频率为 50Hz。频率降低时转速降低，定子电流增大。

（6）额定转速。额定转速表示三相异步电动机在额定工作情况下运行时每分钟的转速，用 n_N 表示。n_N 一般略小于对应的同步转速 n_1，如 $n_1 = 1500$r/min，则 $n_N = 1440$r/min。异步电动机的额定转速略低于同步电动机。

（7）接法。接法是指电动机在额定电压下定子绕组的连接方法。三相异步电动机定子绕组的连接方法有星形（Ｙ）和三角形（△）两种。定子绕组的连接只能按规定方法连接，不能任意改变接法，否则会损坏三相异步电动机。一般 3kW 以下电动机为星形（Ｙ）接法，4kW 以上电动机为三角形（△）接法。

（8）防护等级。防护等级表示三相异步电动机外壳的防护等级，其中 IP 是防护等级标志符号，其后面的两位数字分别表示电动机防固体和防水能力，数字越大，防护能力越强。例如，IP44 中第一位数字"4"表示电动机能防止直径或厚度大于 1mm 的固体异物进入电动机内壳，第二位数字"4"表示能承受任何方向的溅水，见表 1-5。

表 1-5　　　　　　　　　　　　　　防护等级符号含义

IP 后面第一位数字	简述	含　义
0	无防护电动机	无专门防护的电动机
1	防护大于 12mm 固体的电动机	能防止大面积的人体（如手）偶然或意外地触及或接近壳内带电或转动部件（但不能防止故意接触）；能防止直径大于 50mm 的固体异物进入壳内
2	防护大于 20mm 固体的电动机	能防止手指或长度不超过 80mm 的类似物体触及或接近壳内带电或转动部件；能防止直径大于 12mm 的固体异物进入壳内
3	防护大于 2.5mm 固体的电动机	能防止直径大于 2.5mm 的工件或导线触及或接近壳内带电或转动部件；能防止直径大于 2.5mm 的固体异物进入壳内
4	防护大于 1mm 固体的电动机	能防止直径或厚度大于 1mm 的导线或片条触及或接近壳内带电或转动部件；能防止直径大于 1mm 的固体异物进入壳内
5	防尘电动机	能防止触及或接近壳内带电或转动部件，进尘量不足以影响电动机的正常运行

IP 后面第二位数字	简述	含　义
0	无防护电动机	无专门防护
1	防滴电动机	垂直滴水应无有害影响
2	15°防滴电动机	当电动机从正常位置向任何方向倾斜 15°以内任何角度时，垂直滴水无有害影响
3	防淋水电动机	与垂直线呈 60°范围以内的淋水应无有害影响
4	防溅水电动机	承受任何方向的溅水应无有害影响
5	防喷水电动机	承受任何方向的喷水应无有害影响
6	防海浪电动机	承受猛烈的海浪冲击或强烈喷水时，电动机的进水量应不达到有害的程度
7	防水电动机	当电动机没入规定压力的水中规定时间后，电动机的进水量应不达到有害的程度
8	潜水电动机	电动机在制造厂规定条件下能长期潜水。电动机一般为潜水型，但某些类型的电动机也可允许水进入，但应达不到有害的程度

（9）绝缘等级。绝缘等级是根据电动机的绕组所用的绝缘材料，按照它的允许耐热程度规定的等级。绝缘材料按其耐热程度可分为 A、E、B、F、H 等级。其中 A 级允许的耐热温度最低为 60℃，极限温度是 105℃；H 等级允许的耐热温度最高为 125℃，极限温度是 150℃。电动机的工作温度主要受到绝缘材料的限制，若工作温度超出绝缘材料所允许的温度，绝缘材料就会迅速老化，其使用寿命将会大大缩短。修理电动机时所选用的绝缘材料应符合铭牌规定的绝缘等级。

1）温度的测量主要包括以下三种：

a. 冷却介质温度测量。冷却介质是指能够直接或间接地把定子和转子绕组、铁芯及轴承的热量带走的物质，如空气、水和油类等。靠周围空气来冷却的电动机，冷却空气的温度（一般指环境温度）可用放置在冷却空气中的几只膨胀式温度计（不少于两只）测量。温度计球部所处的位置离电动机 1～2m，并不受外来辐射热及气流的影响。温度计以分度为 0.2℃ 或 0.5℃、量程为 0～50℃ 为适宜。

　　b. 绕组温度的测量。电阻法是测定绕组温升公认的标准方法，1000kW 以下的交流电动机几乎只用电阻法来测量。电阻法是利用电动机的绕组在发热时电阻的变化来测量绕组的温度。具体方法是利用绕组的直流电阻，在温度升高后电阻值相应增大的关系来确定绕组的温度，其测的是绕阻温度的平均值。冷态时的电阻（跑机运行前测得的电阻）和热态时的电阻（运行后测得的电阻）必须在电动机同一出线端测得。在一般情况下，绕组冷态时的温度可以认为与电动机周围环境温度相等，这样即可计算出绕组在热态的温度。

　　c. 铁芯温度的测量。定子铁芯的温度可用几只温度计沿电动机轴向贴附在铁芯轭部测量，以测得最高温度。对于封闭式电动机，温度计允许插在机座吊环孔内。铁芯温度也可用放在齿底部的铜-康铜热电偶或电阻温度计测量。

　　2）对于正常运行的电动机，理论上在额定负荷下其温升应与环境温度的高低无关，但实际上还是受环境温度等因素的影响。

　　a. 气温下降时，正常电动机的温升会稍许减少。这是因为绕组电阻 r 下降，铜耗减少。温度每降 1℃，r 约降 0.4%。

　　b. 自冷电动机，环境温度每增 10℃，则温升增加 1.5～3℃，这是因为绕组铜耗随气温上升而增加。因此，气温变化对大型电动机和封闭电动机的影响较大。

　　c. 空气相对湿度每高 10%，因导热改善，温升可降 0.07～0.38℃，平均为 0.19℃。

　　d. 海拔以 1000m 为标准，每升 100m，温升增加温升极限值的 1%。

　　3）电动机其他部位的温度限度如下：

　　a. 滚动轴承温度应不超过 95℃，滑动轴承的温度应不超过 80℃，因为温度太高会使油质发生变化和破坏油膜。

　　b. 机壳温度在实践中往往以略高于体温为准。

　　c. 笼型转子表面杂散，损耗很大，温度较高，一般以不危及邻近绝缘为限，可预先刷上不可逆变色漆来估计。

　　(10) 工作定额。工作定额指电动机的工作方式，即在规定的工作条件下持续时间或工作周期。电动机运行情况根据发热条件分为连续运行（S1）、短时运行（S2）和断续运行（S3）三种基本方式。

　　1）连续运行（S1）：按铭牌上规定的功率长期运行，但不允许多次断续重复使用，如水泵、通风机和机床设备上的电动机使用方式都是连续运行。

　　2）短时运行（S2）：每次只允许在规定的时间内按额定功率运行（标准的负载持续时间为 10min、30min、60min 和 90min），而且再次启动之前应有符合规定的停机冷却时间，待电动机完全冷却后才能正常工作。

　　3）断续运行（S3）：电动机以间歇方式运行，标准负载持续率分为 15%、25%、40% 和 60% 四种。每周期为 10min（如，25% 为 2.5min 工作，7.5min 停车）。吊车和起重机等设备上用的电动机就是断续运行方式。

　　(11) 噪声限值。噪声限值是 Y 系列电动机的一项新增加的考核项目。电动机噪声限值分为 N 级（普通级）、R 级（一级）、S 级（优等级）和 E 级（低噪声级）四个级别。R 级噪声限值比 N 级低 5dB，S 级噪声限值比 N 级低 10dB，E 级噪声限值比 N 级低 15dB。表 1-6 中列出了 Y 系列三相异步电动机 N 级噪声限值。

表 1-6			Y 系列三相异步电动机 N 级噪声限值			
转速/(r/min) 功率/kW	960 及以下	960~1320	1320~1900	1900~2360	2360~3150	3150~3750
1.1 及以下	76	78	80	82	84	88
1.1~2.2	79	80	83	86	88	91
2.2~5.5	82	84	87	90	92	95
5.5~11	85	88	91	94	96	99
11~22	88	91	95	98	100	102
22~37	91	94	97	100	103	104
37~55	93	97	99	102	105	106
55~110	96	100	103	105	107	108

（12）标准编号。标准编号表示电动机所执行的技术标准。其中 GB 为国家标准，JB 为中国机械行业标准，后面的数字是标准文件的编号。各种型号的电动机均按有关标准进行生产。

（13）出厂编号及日期。这是指电动机出厂时的编号及生产日期，据此可以直接从厂家取得该电动机的有关资料，以供使用和维修时参考。

第二节　三相异步电动机检修材料

一、导电材料

铜和铝是常用的导电金属，常制成线材使用。

铜的导电性能好，在常温下有足够的机械强度，具有良好的延展性，加工容易，化学性能稳定，不易氧化和腐蚀，容易焊接，因此被广泛用于电动机、变压器和各种电器的线圈中。一般线圈使用的是纯铜（俗称紫铜），含铜量为 99.5%~99.95%。根据材料的软硬程度不同，铜分为软铜和硬铜两种。铜材经过压延、拉制等工序加工后，硬度增加，称为硬铜，通常用于机械强度要求较高的导电零部件，如整流子片等。硬铜经过退火处理后，硬度降低，即为软铜。软铜的电阻系数比硬铜小，故适宜作电动机、变压器、各类电器的线圈。在产品型号中，铜线的标志为 T，TY 表示硬铜，TR 表示软铜。

铝的导电率为铜的 62% 左右，但由于它的密度只有铜的 33%，而且铝资源丰富、价格便宜，因此铝是铜的理想代用材料。由于铝线的焊接比较困难，因此必须采用特殊的焊接工艺。电动机和变压器中的线圈如果采用的是铝线，则使用的是纯铝，含铝量为 99.5%~99.7%。由于加工方法的不同，铝也有硬铝和软铝之分。线圈中使用的是软铝。在产品型号中，铝线的标志为 L，LY 表示硬铝，LR 表示软铝。

常用的导电材料有如下几种。

1. 电磁线

电磁线是一种具有绝缘层的导电金属线，用以绕制电动机、电器或其他电工产品等的线圈或绕组。目前多采用圆或扁的铜芯线，少数也有采用铝芯线。

电磁线的绝缘层除部分采用天然材料（如绝缘纸等）外，主要采用有机合成高分子化合物（如聚酰、缩醛、聚酰亚胺树脂等）和无机材料（如玻璃丝等）。由于用单一材料构成的绝缘层在性能上有一定的局限性，因此有的电磁线采用复合绝缘或组合绝缘，以提高绝缘层的综合性能。

按绝缘层的特点和用途不同，常用的电磁线可分为漆包线和绕包线两类。

（1）漆包线。漆包线的绝缘层是漆膜，它是在导线芯上涂覆绝缘漆后经烘干而成的。其特点是漆膜均匀、光滑，漆膜较薄，既有利于线圈的绕制，又可提高铁芯槽的利用率，因此广泛用于中小型电动机及各种电器的线圈中。常用漆包线的品种、型号和用途见表1-7，漆包线型号中的汉语拼音字母含义见表1-8。

表 1-7　　　　　　　　　常用漆包线的品种、型号和用途

类别	产品名称	型号	规格/mm	耐温等级/℃	主要用途
油性漆包线	油性漆包圆铜线	Q	0.02～2.50	A(105)	中、高频线圈及仪表电器的线圈
缩醛漆包线	缩醛漆包圆铜线	QQ-1 QQ-2	0.02～2.50	E(120)	普通中小型电动机、微电动机绕组和油浸变压器的线圈、电器仪表用线圈
	缩醛漆包圆铝线	QQL-1 QQL-2	0.06～2.50		
	彩色缩醛漆包圆铜线	QQS-1	0.02～2.50		
	缩醛漆包扁铜线	QQS-2 QQB	a 边 0.8～5.6 b 边 2.0～18.0		
	缩醛漆包扁铝线	QQLB	a 边 0.8～5.6 b 边 2.0～18.0		
聚氨酯漆包线	聚氨酯漆包圆铜线 彩色聚氨酯漆包圆铜线	QA-1 QA-2	0.015～1.00	E(120)	要求 Q 值稳定的高频线圈、电视线圈和仪表用的微细线圈
聚酯漆包线	聚酯漆包圆铜线	QZ-1 QZ-2	0.02～2.50	B(130)	中小型电动机的绕组、干式变压器和电器仪表的线圈
	聚酯漆包圆铝线	QZL-1 QZL-2	0.06～2.50		
	聚酯漆包扁铜线	QZB	a 边 0.8～5.6 b 边 2.0～18.0		
	聚酯漆包扁铝线	QZLB	a 边 0.8～5.6 b 边 2.0～18.0		
聚酰亚胺漆包线	聚酰亚胺漆包圆铜线	QY-1 QY-2	0.02～2.50	C(≥180)	耐高温电动机、干式变压器、密封式继电器及电子元件
	聚酰亚胺漆包扁铜线	QYB	a 边 0.8～5.6 b 边 2.0～18.0		

注　圆线规格以线芯直径表示，扁线以线芯窄边（a）及宽边（b）长度表示。

表 1-8　　　　　　　　　　　　漆包线型号中的汉语拼音字母含义

绝缘层				导体		派生
绝缘漆	绝缘纤维	其他绝缘层	绝缘特征	导体材料	导体特征	
Q 油性漆	M 棉纱	V 聚氯乙烯	B 编织	L 铝线	B 扁线	—1 薄漆层
QA 聚氨酯漆	SB 玻璃丝	YM 氧化膜	C 醇酸胶黏漆浸渍	TWC 无磁性铜	D 带（箔）	—2 厚漆层
QG 硅有机漆	SR 人造丝		E 双层		J 绞制	
QH 环氧漆	ST 天然丝		G 硅有机胶黏漆浸渍		R 柔软	
QQ 缩醛漆	Z 纸		J 加厚			
QXY 聚酰胺酰亚胺漆			N 自黏性			
QY 聚酰亚胺漆			F 耐致冷性			
QZ 聚酯漆			S 彩色			
QZY 聚酯亚胺漆						

注　例如，QZL-1（聚酯漆、铝线—薄漆层）为薄漆层聚酯漆包铝线，QZJBSB（聚酯漆、绞制、编织、玻璃丝）为中频绕组线，SBELCB（玻璃丝、双层、铝线、醇酸胶黏漆浸渍、扁线）为双玻璃丝包扁铝线。

（2）绕包线。绕包线是用玻璃丝、绝缘纸或合成树脂薄膜等紧密绕包在导线芯上形成绝缘层，也有的在漆包线上再绕包绝缘层。除薄膜绝缘层外，其他绝缘层均需经胶黏浸渍处理，以提高其电性能、力学性能及防潮性能，所以它们实际上是组合绝缘。绕包线的特点是绝缘层比漆包线厚，能较好地承受过电压和过电流，一般用于大中型电动机、变压器及电焊机等的电工产品中。根据绕包线的绝缘结构不同，其可分为纸包线、薄膜绕包线、玻璃丝包线及玻璃丝包漆包线。

在电动机修理中，最好采用与原来规格型号相同的电磁线，不要轻易变动，因为不同的电工产品对电磁线有不同的性能要求。如果没有原规格型号的电磁线，可根据其原性能、耐热等级选择合适的电磁线。

2. 三相异步电动机的引出线

由于电机品种、绝缘等级、电压电流等的不同，因此电机引出线的电气性能必须与其相适应，要求绝缘电阻高而且稳定，一般可选用 JXHQ、JVR、JBX 型引出线。三相异步电动机电源引出线的规格见表 1-9。

表 1-9　　　　　　　　　　　　三相异步电动机电源引出线的规格

电流/A	引出线截面积/mm²	电流/A	引出线截面积/mm²
6 以下	1	61～90	16
6～10	1.5	91～120	25
11～20	2.5	121～150	35
21～30	4	151～190	50
31～45	6	191～240	70
46～60	10	241～290	95

二、绝缘材料

1. 绝缘材料的主要性能

绝缘材料的主要作用是在电气设备中把不同部分的导电体隔离开，使电流能按预定的方向流动。由于绝缘材料是电气设备中最薄弱的环节，许多故障发生在绝缘部分，因此绝缘材料应具有良好的介电性能、较高的绝缘电阻和耐压强度；同时，耐热性要好，不因长期受热而引起性能变化；还应有良好的防潮、防雷电、防霉性和较高的机械强度，以及易于加工等特点。

绝缘材料在长期使用中，在温度、电、机械等各方面的理化作用下，绝缘性能逐渐变差，称为绝缘老化。温度对绝缘材料的使用寿命和绝缘老化有很大的影响，因此为确保电工产品能够长期安全运行，工程中对绝缘材料的耐热等级和极限工作温度做了明确规定（见表1-10）。如果电工产品的工作温度超过其使用的绝缘材料的极限工作温度，就会缩短绝缘材料的使用寿命。一般每超过 6℃ 绝缘材料的使用寿命就会缩短 1/2 左右。

表 1-10　　　　　　　常用绝缘材料的耐热等级和极限工作温度

等级代号	耐热等级	绝缘材料	极限工作温度 /℃
0	Y	木材、棉花、纸、纤维等天然的纺织品，以醋酸纤维和聚酰胺为基础的纺织品，以及易于热分解和熔化点较低的塑料（脲醛树脂）	90
1	A	工作于矿物油中或油树脂复合胶浸过的 Y 级材料、漆包线、漆布、漆丝的绝缘及油性漆、沥青漆等	105
2	E	聚酯薄膜和 A 级材料复合，玻璃布，油性树脂漆、聚乙烯醇缩醛高强度漆包线，乙酸乙烯耐热漆包线	120
3	B	聚酯薄膜，经合适树脂黏合式浸渍涂覆的云母、玻璃纤维、石棉等，聚酯漆，聚酯漆包线	130
4	F	以有机纤维材料补强和石棉带补强的云母片制品，玻璃丝和石棉，玻璃漆布，以玻璃丝布和石棉纤维为基础的层压制品，以无机材料作补强和石棉带补强的云母粉制品，化学热稳定性较好的聚酯和醇酸类材料，复合硅有机聚酯漆	155
5	H	无补强或以无机材料为补强的云母制品、加厚的 F 级材料、复合云母、有机硅云母制品、硅有机漆、硅有机橡胶聚酰亚胺复合玻璃布、复合薄膜、聚酰亚胺漆等	180
6	C	不采用任何有机黏合剂及浸渍剂的无机物，如石英、石棉、云母、玻璃和电瓷材料等	180 以上

2. 绝缘材料的种类和型号

电工常用的绝缘材料按其物理状态不同，可分为气体、液体、固体三大类。气体绝缘材料如空气、N_2、CO_2、SF_6 等。液体绝缘材料如变压器油、电容器油、电缆油等矿物油，还有硅油、三氯联苯等合成油。固体绝缘材料按其应用或工艺特征不同，又可分为六类（见表1-11）。

表 1-11 　　　　　　　　　　　　　　固体绝缘材料的分类

分类代号	分类名称
1	漆、树脂和胶类
2	浸渍纤维制品类
3	层压制品类
4	压塑料类
5	云母制品类
6	薄膜、黏带和复合制品类

3. 常用的绝缘材料

（1）浸渍漆。浸渍漆主要用于浸渍电机、电器的线圈和绝缘零部件，其分为有溶剂和无溶剂两种。有溶剂浸渍漆的特点是渗透性好，储存期长，使用方便，但是浸渍和烘干时间长，固化慢，需要使用溶剂；无溶剂浸渍漆的特点是固化快、黏度随温度变化迅速，流动性和渗透性好，绝缘整体性好，固化过程挥发少等。

常用的有溶剂浸渍漆的型号、特性和用途见表 1-12 常用的无溶剂浸渍漆的型号和特性见表 1-13。

表 1-12 　　　　　　　　　常用的有溶剂浸渍漆的型号、特性和用途

名称	型号	耐热等级	颜色	特性和用途
沥青绝缘漆	1010 （L30-10）	A	黑色	耐潮湿，并具有良好的电气性能，但不耐油。适用于浸渍 A 级绝缘电机线圈及绕组及不要求耐油的电器部件
三聚氰胺醇酸浸渍漆	1032 （A30-1）	B	黄褐色	耐潮、耐油和内干性较好，机械强度较高，耐电弧和附着力好。适用于浸渍湿热带地区电机、电器线圈和绕组
环氧酯绝缘浸渍漆	1033 （H30-2）	B	黄褐色	耐油、耐潮、耐热，漆膜光滑，有弹性，机械强度高。适用于浸渍湿热带地区电机、电器线圈和绕组及电器零部件
聚酯绝缘浸渍漆	155 6301 （Z30-2）	F	棕褐色	有较好的耐热性和机电性能，绝缘的黏结力强。适用于 F 级电机线圈或绕组浸渍及导线黏结
聚酰亚胺环氧浸渍漆	D005	F	棕褐色	具有较好的机电性能，黏度低，固体含量高，黏结力强。适用于导线黏结和线圈的浸渍
聚酯改性有机硅浸渍漆	931 （W30-9）	H	淡黄色	黏结力较强，电性能和耐潮性好，烘干温度较 W30 低。适用于高温电机、电器线圈及绝缘零部件浸渍

注　括号内的型号为化工部牌号。

表 1-13 　　　　　　　　　常用的无溶剂浸渍漆的型号、特性和用途

名称	型号	耐热等级	特性和用途
环氧无溶剂漆	110	B	黏度低，击穿强度高，储存稳定性好。适用于低压电机线圈和绕组沉浸
环氧聚酯酚醛无溶剂漆	5152-2	B	同上
环氧聚酯无溶剂漆	EIV	F	黏度低，挥发物少，击穿强度高，储存期长。适用于沉浸中小型低压电机、变压器绕组
酚醛环氧硼胺无溶剂漆	9105	F	黏度较低，体积电阻高，机电性能好，储存期较长。适用于高压电机绕组整浸

（2）覆盖漆。覆盖漆用于浸漆处理后的线圈和绝缘零部件表面的涂覆，以形成一层连续且厚度均匀的表面漆膜，作为绝缘保护层，以防止机械损伤及大气油污和化学物质的侵蚀，提高表面放电电压；另外还可在电机修理中用于加强局部的绝缘能力。

覆盖漆中不含填料和颜料的为绝缘清漆，否则为绝缘瓷漆。绝缘清漆多用于绝缘零部件的表面和电器内的涂覆，绝缘瓷漆多用于线圈和金属表面的涂覆。

覆盖漆可烘干和晾干。晾干漆的性能稍差，储存不稳定，适用于不宜烘干的部件的覆盖。

常用覆盖漆的型号、特性和用途见表 1-14。环氧型覆盖漆与醇酸型覆盖漆相比，具有更好的耐潮性、防霉性、内干性和较强的漆膜附着力等优点，应用更广泛。

表 1-14　　　　　　　　　　常用覆盖漆的型号、特性和用途

名称	型号	耐热等级	特性和用途
晾干醇酸灰瓷漆	1321 （C32-9）	B	晾干或低温干燥，漆膜硬度高，耐电弧，耐油性好。适用于覆盖电机、电器线圈及绝缘零部件表面修饰
环氧酯灰瓷漆	8363	B	烘干漆，漆膜硬度高，耐潮、耐霉、耐油性好。适用于湿热带地区电机、电器线圈表面修饰
灰环氧酯绝缘瓷漆	1361 （H31-2）	B	晾干或低温干燥，漆膜坚硬，耐潮、耐油性好。适用于电机、电器线圈表面修饰
环氧酯红瓷漆	162	B	烘干漆，漆膜光滑，强度高，色泽鲜艳，具有较高的介电性能。适用于出口电机、电器绕组（或线圈）表面修饰
晾干环氧酯漆	1504 9120 （H31-3）	B	晾干或低温干燥清漆，干燥快，漆膜附着力好，耐潮、耐油、耐气候性好，漆膜有弹性。适用于电机线圈表面修饰
聚酯铁红瓷漆	183	F	晾干或低温干燥，漆膜色泽鲜艳，有较高的介电性能、耐热性及防潮性。可用作 F 级湿热带地区电机、电器线圈表面修饰
有机硅绝缘红瓷漆	1350 （W32-3）	H	烘干漆，漆膜耐热性高，并有好的电气性能。适用于覆盖 H 级电机、电器线圈和绝缘零部件表面修饰

（3）浸渍纤维制品。浸渍纤维制品以棉布、棉纤维管、薄绸玻璃纤维布或管，以及玻璃纤维与合成纤维交织物为底材浸以绝缘漆制成，有绝缘漆布、绝缘漆管和绑扎带三种。

1）绝缘漆布。它主要用作电动机线圈的对地绝缘、槽绝缘和衬垫绝缘。常用绝缘漆布的型号、组成、特性和用途见表 1-15。

表 1-15　　　　　　　　　　常用绝缘漆布的型号、组成、特性和用途

名称	型号	组成		耐热等级	特性和用途
		底材	浸渍漆		
油性漆布 （黄漆布）	2010 2012	白细布	油性漆	A	2010 不耐油，2012 耐油性较好。适用于一般电动机、电器的衬垫或线圈绝缘
沥青漆布 （黑漆布）	2110	白细布	沥青漆	A	介电性能较 2010 好。适用于一般低压电动机、电器线圈的绝缘
油性漆绸 （黄漆绸）	2210 2212	薄绸	油性漆	A	柔软性及介电性能良好。2210 适用于电动机、电器的薄层衬垫或线圈绝缘；2212 耐油性较好，适用于有矿物油浸蚀环境中工作的电动机、电器的薄层衬垫或线圈绝缘

续表

名称	型号	组成		耐热等级	特性和用途
		底材	浸渍漆		
沥青醇酸玻璃漆布	2430	无碱玻璃布	沥青醇酸漆	B	耐潮性较好，但耐汽油、变压器油性差。适用于一般电动机、电器的衬垫或线圈绝缘
醇酸玻璃漆布	2432	无碱玻璃布	醇酸三聚氰胺漆	B	耐油性较好，并有一定的防霉性。适用于较高温度下使用的电动机、电器的衬垫或绝缘及变压器的线圈绝缘
环氧玻璃漆布	2433	无碱玻璃布	环氧酯漆	B	具有较高的电气性能、力学性能，良好的耐化学药品性能和耐湿热性能。适用于耐化学腐蚀的电动机、电器的槽绝缘、衬垫绝缘和线圈绝缘
有机硅玻璃漆布	2450	无碱玻璃布	有机硅漆	H	具有较高的耐热性、防霉、耐油和耐寒性。适于 H 级电动机、电器的包扎绝缘
硅橡胶玻璃漆布	2550	无碱玻璃布	甲基硅橡胶瓷漆	H	具有较高的耐热性，良好的柔软性和耐寒性。适用于特种用途的低压电动机端部绝缘和导线绝缘
有机硅防电晕玻璃漆布	2650	无碱玻璃布	有机硅防电晕瓷漆	H	具有稳定的低电阻率。适用于高压定子线圈槽口处的防电晕材料
聚酰亚胺玻璃漆布	2560	无碱玻璃布	聚酰亚胺漆	C	高耐热性及介电性能，优良的防潮性、耐辐射性、耐溶剂性。适用于 220℃ 以上的电动机槽绝缘和端部衬垫绝缘

2）绝缘漆管。它是由相应的纤维管作底材，浸以不同的绝缘漆，经烘干制成的棉漆管、涤纶漆管和玻璃丝管。它适用于电动机、电器线圈的引出线和绕组连接线的绝缘套管。常用绝缘漆管的型号、组成、特性和用途见表 1-16。

表 1-16   **常用绝缘漆管的型号、组成、特性和用途**

名称	型号	组成		耐热等级	特性和用途
		底材	浸渍漆		
油性棉漆管	2710	棉纱管	油性漆	A	具有良好的电性能和弹性，但耐热性、耐潮性和防霉性差。适用于电动机、电器和仪表等设备引出线和连接线绝缘
油性玻璃漆管	2724	无碱玻璃丝管	油性漆	E	
醇酸玻璃漆管	2730	无碱玻璃丝管	醇酸漆	B	具有良好的电性能和力学性能，耐热性和耐油性好，但弹性稍差。可代替油性棉漆管作为电动机、电器和仪表等设备引出线和连接线绝缘
聚氯乙烯玻璃漆管	2731	无碱玻璃丝管	改性聚氯乙烯树脂	B	具有优良的弹性和一定的电气性能、力学性能和耐化学性能。适用于电动机、电器和仪表等设备引出线和连接线绝缘
有机硅玻璃漆管	2750	无碱玻璃丝管	有机硅漆	H	具有较高的耐热性和耐潮性，以及良好的电气性能。适用于 H 级电动机、电器等设备的引出线和连接线绝缘
硅橡胶玻璃漆管	2751	无碱玻璃丝管	硅橡胶	H	具有优良的弹性、耐热性和耐寒性，电气性能和力学性能良好。适用于在 -60～+180℃ 温度下工作的电动机、电器和仪表等设备的引出线和连接线绝缘

3）绑扎带。绑扎带又称无纬带，是由长玻璃纤维经过硅烷处理和整纱后，再浸以热固性树脂制成的 B 阶段或全固化的带状材料。按所用浸渍漆或树脂种类不同，绑扎带可分为

聚酯型无纬带、环氧型无纬带和聚胺酰亚胺型无纬带等。目前应用最广泛的是环氧型无纬带，它主要用来绑扎电动机转子绕组的端部，替代无磁性合金钢丝、钢带等金属。

（4）非浸渍纤维制品。非浸渍纤维制品包括无碱玻璃纤维布、无碱玻璃纤维带、无碱玻璃纤维套管、无碱玻璃纤维绳等，具有耐热性高、吸水性小、抗拉强度高、电气性能好等特点。

（5）电工用薄膜及复合制品。电工用薄膜是指合成树脂制成的薄膜，如聚丙烯薄膜、聚酯薄膜等，其厚度为 0.006～0.5mm。它可用作电动机、电器线圈的绝缘，具有质地柔软、耐潮和良好的机电性能等特点。

复合制品是在电工薄膜的一面或两面黏合一层纤维材料（如绝缘纸、漆布等）组成的一种复合材料。纤维材料在这里的主要作用是加强薄膜的力学性能，提高抗拉强度和表面平整度。它主要用于中小型电动机的槽绝缘、线圈的端部绝缘等。常用的电工薄膜及复合制品的组成、型号特性和用途见表 1-17 和表 1-18。

表 1-17　　　　　　　　　　　常用电工薄膜的组成、型号、特性和用途

名称	型号	耐热等级	特性和用途
聚酯薄膜 （定向）	6020	E～B	具有较高的抗张强度、绝缘电阻和击穿强度，耐有机溶剂、耐碱性好，但耐电晕性差。可用作低压电动机线圈的槽绝缘和对地绝缘，以及绕组线绝缘、复合制品绝缘
聚萘酯薄膜 （定向）	—	F	耐热性好，弹性模数高，断裂伸长率小，有较好的化学稳定性，但在高温下易水解。可用作 F 级电动机的槽绝缘和绕组线绝缘及复合绝缘制品
聚酰亚胺薄膜 （不定向）	6050	>H	具有优异的耐高温和低温的耐寒性，并具有高的辐射特性。可用作 H 级电动机的槽绝缘、绕组线绝缘及复合绝缘制品
聚四氟乙烯薄膜 （定向）	SFM	>H	具有很高的耐热性、耐寒性，优良的介电性能和化学稳定性。可用作工作温度 −60～+260℃ 特殊电工绝缘，也可用作线圈烘压绝缘时脱模的材料

表 1-18　　　　　　　　　　　常用复合制品的型号、组成和用途

名称	型号	组成	耐热等级	用途
聚酯薄膜绝缘纸复合箔	6520	一层聚酯薄膜、一层绝缘纸	E	主要用作低压电动机线圈的槽绝缘、层间绝缘
聚酯薄膜玻璃漆布复合箔	6530	一层聚酯薄膜、一层玻璃漆布	B	主要用作低压电动机线圈的槽绝缘、层间绝缘
聚酯薄膜聚酯纤维纸复合箔	DMD	一层聚酯薄膜、两层聚酯纤维纸	B	适用于 B 级电动机线圈的槽绝缘、层间绝缘及衬垫绝缘等
聚酯薄膜芳香族聚酰胺纤维纸复合箔	NMN 641	一层聚酯薄膜、两层芳香族聚酰胺纤维纸	F	适用于 F 级电动机线圈的槽绝缘、层间绝缘及衬垫绝缘等
聚酰亚胺薄膜、芳香族聚酰胺纤维纸复合箔	NHN 651	一层聚酰亚胺薄膜、两层芳香族聚酰胺纤维纸	H	适用于 H 级电动机线圈的槽绝缘、层间绝缘及衬垫绝缘等

（6）黏带。黏带是指在常温或在一定温度和压力下能自黏成型的带状材，分薄膜黏带、织物黏带和无底黏带三类。黏带的绝缘性能好，使用方便，适用于电动机、电器线圈绝缘、包扎固定等。

常用黏带的组成、特性和用途见表 1-19。

表 1-19　　　　　　　　　　　　　常用黏带的组成、特性和用途

名称	厚度 /mm	组成	耐热 等级	特性和用途
聚酯薄膜黏带	0.055～0.17	聚酯薄膜、橡胶型或聚丙烯酸酯胶黏剂	E～B	耐热性较低，但机电性能好。可用作电动机线圈绝缘密封和对地绝缘
环氧玻璃黏带	0.14～0.17	无碱玻璃布、环氧树脂胶黏剂	B	具有较高的机电性能。可用作电动机绕组绑扎绝缘
聚酰亚胺薄膜黏带 J-6250	0.045～0.07	聚酰亚胺薄膜、聚胺酰亚胺树脂胶黏剂	H	具有高的机电性能和耐热性。可用于 H 级电动机线圈绝缘
有机硅玻璃黏带 6350	0.15	无碱玻璃布、有机硅树脂胶黏剂	H	具有高的耐热性、耐寒性和防潮性。可用作 H 级电动机线圈绝缘
硅橡胶玻璃黏带	—	无碱玻璃布、硅橡胶、胶黏剂	H	具有高的耐热性、耐寒性和防潮性。可用作 H 级电动机线圈绝缘
自黏性硅橡胶三角黏带	—	硅橡胶、填料硫化剂	H	具有耐热、耐潮、抗振动、耐化学腐蚀等特性，但抗张强度低。可用做特殊电动机对地绝缘

电动机修理时，一般应选用与原来相同的绝缘材料。如果没有合适的绝缘材料或无法弄清时，则可选用与原来材料相似的绝缘材料或根据电动机铭牌上注明的绝缘等级进行选择。绝缘材料选择不当会影响电动机的修理质量，缩短修理后的电动机使用寿命。

（7）绝缘层压制品。绝缘层压制品又称积层制品（积层板、棒、管等）或积层塑料。绝缘层压制品是以有机纤维或无机纤维或布作底材，浸涂不同的胶黏剂，经热压（或卷制）而制成的层状结构的绝缘材料。

采用不同的底材、胶黏剂和胶含量、成型工艺，可制成不同耐热等级，不同的力学、电气、理化性能的制品。层压制品分为层压板、棒、管等。电动机电器中使用层压制品，主要用作绝缘结构件，如绕组的支架、垫条、垫块、槽楔等。常用层压板的型号、组成、特性和用途见表 1-20。

表 1-20　　　　　　　　　　常用层压板的型号、组成、特性和用途

名称	型号	组成		特性和用途
		底材	胶黏型	
酚醛层压纸板	3020	浸渍纸	甲酚甲醛树脂	具有较高的电气性能，耐油性好。适用于在电气性能要求较高的电动机、电气设备中作绝缘结构零部件，并可在变压器油中使用
	3021	浸渍纸	苯酚或甲酚甲醛树脂	具有较高的机械强度，耐油性好。适用于在机械强度要求高的电动机、电气设备中作绝缘结构零部件，并可在变压器油中使用
	3022	浸渍纸	甲酚甲醛树脂	具有较高的耐湿性能。适用于在潮湿条件下工作的电工设备中作绝缘结构零部件
	3023	浸渍纸	甲酚甲醛树脂	具有低的介质损耗角正切。适用于在无线电、电气设备中作绝缘结构零部件

名称	型号	组成		特性和用途
		底材	胶黏型	
酚醛层压布板	3025	棉布	苯酚甲醛树脂	具有较高的力学性能。适用于在电动机、电气设备中作绝缘结构零部件，并可在变压器油中使用
	3027	棉布	苯酚甲醛树脂加甲酚甲醛树脂	具有一定的电气性能。适用于在电动机、电气设备中作绝缘结构零部件，并可在变压器油中使用
酚醛层压玻璃布板	3230	无碱玻璃布	苯酚甲醛树脂	力学性能、耐水性和耐热性比层压纸、布板好，但黏合强度低。适用于在电动机、电气设备中作绝缘结构零部件，并可在变压器油中使用
苯胺酚醛层压玻璃布板	3231	无碱玻璃布	苯胺甲醛树脂	电气性能和力学性能比酚醛玻璃布板好，黏合强度与棉布板相近。可代替棉布板，用作电动机、电气设备中的绝缘结构零部件，并可在潮湿环境及变压器油中使用
环氧酚醛层压玻璃布板	3240	无碱玻璃布	环氧酚醛树脂	具有较高的电气性能和力学性能，耐热性和耐水性较好。适用于在电动机、电气设备中作绝缘结构零部件，并可在潮湿环境条件下和变压器油中使用

三、磁性材料

磁性材料在电动机中主要用以增强磁路中的磁场。按其特性不同，它可分为软磁材料和硬磁材料（又称永磁材料）两大类。

1. 软磁材料

软磁材料的主要特点是磁导率高，剩磁小。这类材料在较低的外界磁场作用下，就能产生较高的磁感应强度，而且随着外界磁场的增大而很快达到磁饱和状态；当外界磁场去掉后，它的磁性就基本消失。常用的软磁材料有电工用纯铁和硅钢板两种。

（1）电工用纯铁。电工用纯铁的饱和磁感应强度高，冷加工性好，但电阻率很低，所以一般只用于直流磁场的磁路中，如直流磁极等。

（2）硅钢板。硅钢板的主要特性是电阻率高，适用于各种交变磁场的磁路中。硅钢板按制造工艺的不同，分为冷轧硅钢板和热轧硅钢板两种。冷轧硅钢板的性能优于热轧硅钢板的性能。电机电器工业中常用的硅钢板厚度有 0.35mm 和 0.5mm 两种，前者多用于各种变压器和电器中，而后者多用于交流、直流电动机中。

2. 硬磁材料

硬磁材料的主要特点是剩磁强。它经过饱和磁化后，即使去掉外界磁场，还能够在较长的时间内保持较强的磁性。硬磁材料主要用来制造永磁电机和微电机的磁极铁芯。

第三节 电动机检修工具和仪表

一、电动机检修工具

1. 清槽片

清槽片是用来清除电动机定子或转子铁芯槽内残存的绝缘杂物或锈斑的专用工具。清槽片一般用断钢锯条在砂轮上磨成尖头或钩状，尾部用布条或绝缘带包扎作柄而成，如图 1-4 所示。

2. 划线片（板）

划线片（板）是在嵌线圈时将导线划进铁芯槽，同时将已嵌进铁芯槽的导线划直理顺的工具。划线片（板）通常用楠竹、胶绸板、不锈钢等在砂轮上磨制而成。它长 15～20cm，宽 1～1.5cm，厚约 0.3cm，前端略呈尖形，一边偏薄，表面光滑，如图 1-5 所示。

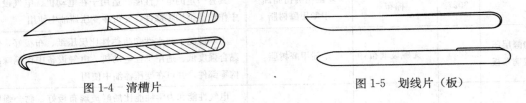

图 1-4　清槽片　　　　　　　　　　　　　　图 1-5　划线片（板）

3. 压线块（铁）

压线块（铁）俗称压脚，是把已嵌进铁芯槽的导线压紧使其平整的专用工具，如图 1-6 所示。它用黄铜或不锈钢制成，装有手柄，便于操作。其尺寸可根据铁芯槽的宽度制成不同的规格，依线槽宽度供选择使用。

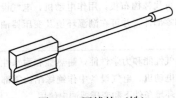

图 1-6　压线块（铁）

4. 压线条

压线条又称捅条，是小型电动机嵌线时必须使用的工具。压线条捅入槽口有两个作用：①利用楔形平面将槽内的部分导线压实或将槽内所有导线压实，压实部分导线是为了方便继续嵌线，而压实所有导线是为了便于插入槽楔，封锁槽口；②配合划线片（板）对槽口绝缘进行折合、封口。最好根据槽形的大小制成不同尺寸的部件，压线条整体要光滑，底部要平整，以免操作时损伤导线的绝缘和槽绝缘。压线条一般用不锈钢棒或不锈钢焊条制成，横截面为半圆形，并将头部锉成楔状，便于插入槽口中，如图 1-7 所示。

5. 刮线刀

刮线刀是用来刮去导线接头上绝缘层的专用工具，如图 1-8 所示。刮线刀的刀片可利用一般卷笔刀上的刀片，每个刀片用螺钉紧固，或用强力胶粘牢。

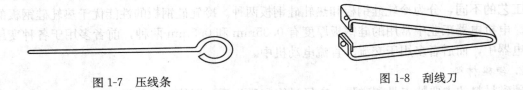

图 1-7　压线条　　　　　　　　　　　　　　图 1-8　刮线刀

6. 裁纸刀

裁纸刀是用来剪裁高出槽面的槽绝缘纸的专用工具，如图 1-9 所示，一般用断钢锯条在砂轮上磨成。

7. 垫打板

垫打板是用于嵌完绕组后进行端部整形的工具，用硬木做成，如图 1-10 所示。在端部整形时把垫打板垫在绕组端部上，再用锤头在其上敲打整形，这样不致损坏绕组绝缘。

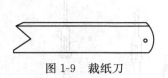

图 1-9　裁纸刀

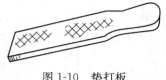

图 1-10　垫打板

8. 绕线模

绕线模是用来绕制电动机绕组线圈的专用工具。其在使用中最重要的是线圈形状和尺寸的定型，因为绕线模尺寸不合适，绕制的线圈就不能嵌装。线圈太小会造成嵌线困难；线圈过大，不仅浪费导线，而且因线圈端部相应过长给装配电动机端盖带来困难，甚至会与端盖紧靠而影响对地绝缘。通常绕线模可购买，也可用木板自己制作，如图 1-11 所示。其尺寸大小由被修理电动机的功率确定。

9. 绕线机

绕线机是专门用来绕制线圈的专用设备，主要有手摇式绕线机、机动绕线机和自动绕线机三种。手摇式绕线机主要用于绕制较小的线圈，如图 1-12 所示。机动绕线机和自动绕线机都用于绕制较大线圈或在一定规模的电机厂或修理厂中使用。

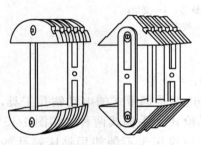

图 1-11　绕线模

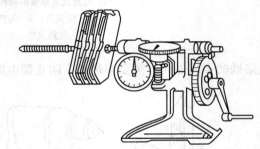

图 1-12　手摇式绕线机

手摇式绕线机主要由主轴、螺母、小齿轮、大齿轮、手柄、底座和计圈器等部分组成，如图 1-13 所示。

10. 电烙铁

电烙铁是手工焊接的基本工具，是根据电流通过发热元件产生热量的原理制成的。常用的电烙铁有外热式、内热式、恒温式和吸锡式等几种，图 1-14 所示是外热式和内热式电烙铁的结构。

电烙铁使用注意事项如下：

（1）根据焊接面积大小选择合适的电烙铁。

（2）电烙铁用完要随时拔去电源插头。

（3）在导电地面（如混凝土）上使用时，

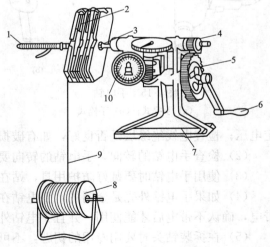

图 1-13　手摇式绕线机的结构

1—主轴；2—绕线模；3—螺母；4—小齿轮；5—大齿轮；6—手柄；7—底座；8—放线架；9—导线；10—计圈器

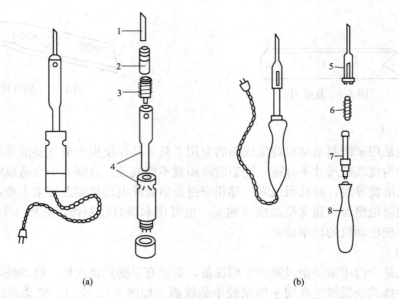

图 1-14　电烙铁的结构

（a）外热式电烙铁的结构；（b）内热式电烙铁的结构

1、5—烙铁头；2—传热筒；3—烙铁芯；4—支架；

6—发热元件；7—连接杆；8—胶木手柄

电烙铁的金属外壳必须妥善接地，防止漏电时触电。

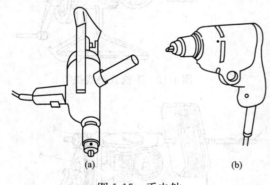

图 1-15　手电钻

（a）手提式；（b）手枪式

11. 手电钻

手电钻是携带式的电动钻孔工具，手电钻有手枪式和手提式两种，如图 1-15 所示。手电钻主要用于不便使用钻床钻孔的场合。手电钻电源有单相 220V，也有三相 380V 工频电源。常用的钻孔直径规格有 6、10、13、19mm 等几种，一般在钻 6mm 以下的孔时多取用手枪式手电钻；在钻 10mm 以上的孔时多取用手提式手电钻，但要配有辅助手柄。

手电钻使用注意事项如下：

（1）检查电源电压是否符合手电钻的额定电压；检查电线绝缘层是否良好，如有破损，应用胶布包扎好；手电钻的开关要灵活。

（2）检查手电钻的转向，手电钻的转向要根据不同工作任务来正确选择。

（3）使用手电钻时要戴好防护用具，站在绝缘板上进行操作。

（4）如果手电钻外壳是金属的，手电钻在接入电源后，要用验电笔测试手电钻外壳是否带电，确认不带电后才能使用，并且手电钻外壳接地。

（5）在拆装钻头时要用专用的钥匙，不可用其他工具代替，以免损坏钻夹头。

（6）钻头在安装时，应使钻头与钻夹头保持同一轴线，以防转动时钻头来回摆动。

（7）在钻孔时，钻头应与被钻物体的平面垂直，以免钻出的孔倾斜，用力要均匀。

(8) 在钻孔时如果钻头被卡住，要松开手电钻的开关，慢慢退出钻头，并检查钻头有无损坏。如果有损坏应更换，如无损坏，应检查钻夹头是否锁紧。

(9) 在钻孔时如果温度过高，为了防止钻头退火，可适当地加切削液进行冷却。

(10) 钻孔完毕后，将电线绕在手电钻上，不可随地乱拉电线。

二、电动机检修常用仪表

1. 万用表

万用表是电动机修理工作中常用的仪表之一，有指针式万用表和数字万用表两大类。虽然后者在很多方面优于前者（如，准确性可达到 1 级以上，除可测量电压、电流、电阻等以外，还可以测量温度、电容量、频率，以及判定三相电源的相序等），但在某些需观测连续变化过程的情况下，指针式万用表的作用还是不可代替的。万用表的品种很多，但其功能和使用方法大体相同。这里以 VC97 型数字式万用表为例，介绍万用表的使用方法。VC97 型数字式万用表的面板布置如图 1-16 所示。

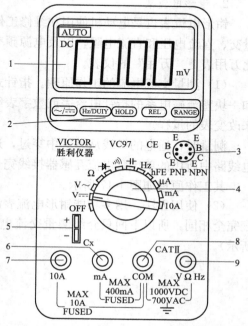

图 1-16　VC97 型数字式万用表面板布置
1—LED 显示器；2—功能键；3—hFE 插口；
4—功能转换开关；5—电源插座；
6—小于 400mA 电流测试插座；
7—10A 电流测试插座；8—公共地插座；
9—电流以外的其他测试量（电压、
电阻、频率）的测试插座

(1) 数字式万用表的使用。

1) 交、直流电压的测量：根据需要，将量程开关拨到直流或交流的合适量程，红色表笔插入 VΩ 孔，黑色表笔插入 COM 孔，并将表笔与被测线路并联，读数即显示。

2) 交、直流电流的测量：将量程开关拨至 DCA（直流）或 ACA（交流）的合适挡位，红色表笔插入 mA 孔（小于 200mA 时）或 10A 孔（大于 200mA 时），黑色表笔插入 COM 孔，将万用表串联在被测电路中。测量直流量时，数字式万用表自动显示极性。

3) 电阻的测量：将量程开关拨至 Ω 的合适量程，红色表笔插入 VΩ 孔，黑色表笔插入 COM 孔。如果被测量电阻值超出所选择的量程的最大值，万用表将显示"1"，这时应选择更高的量程。测量电阻时，红色表笔为正极，黑色表笔为负极。

(2) 使用注意事项。

1) 使用前认真阅读说明书，充分了解万用表的性能，了解和熟悉转换开关等部件的作用和用法。

2) 测量挡位要正确。例如，测量交流电压时，将功能转换开关拨到 V～挡；如果测量直流电压，则拨至 V⎓挡上。

3) 测量电阻时，要把功能转换开关拨到 Ω 挡上，将两只表笔短接调零，然后将两表笔搭在被测电阻元件的两端，测得的数值便是被测元件的电阻值。

4）接线要正确。测量直流电流时，把功能转换开关拨到直流电流挡上，再把万用表表笔接在被测电路中，红色表笔为正极，黑色表笔为负极，接反则仪表被损坏。

5）不可带电转换量程。

6）不可在带电情况下测量电阻。

7）测量完成后，关闭万用表电源，要将功能转换开关拨到交流电压最高挡，以防别人误用，损伤仪表。

2. 钳形电流表

钳形电流表也是电动机使用和维修工作中常用的测量仪表之一，特别是自该表增加了测量交、直流电压和直流电阻，以及电源频率、相序、温度等功能后，其用途更加广泛，成为比万用表更"万用"的仪表。

（1）测量交流电流的工作原理。指针式钳形电流表测量交流的部分是由一个电流互感器和一块整流磁电系的指针电流表或数字表组成的，采用改变与表头并联的分流电阻值的方法来改变表的量程。

测量时，通电的导线从铁芯中穿过，这就相当于电流互感器的一次绕组为一圈，这与配电线路中所用的单比数电流互感器接线完全相同。

其工作原理如图 1-17 所示。

（2）使用方法。用多功能钳形电流表测量直流电阻、交流电压和直流电压的方法与万用表完全相同，所以下面只介绍测量交流电流方面的内容（钳形电流表的使用方法如图 1-18 所示）。

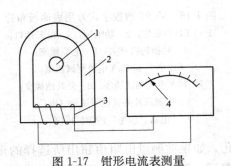

图 1-17　钳形电流表测量
交流电流的工作原理
1—一级绕组；2—闭合磁路；3—二次绕组；4—电流表

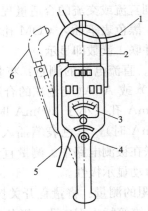

图 1-18　钳形电流表的使用方法
1—被测载流导线；2—铁芯；3—表盘；
4—量程转换开关；5—手柄；6—可开合钳口

1）将量程调到交流电流挡适当挡位上，应按被测电流的最大估计值来确定。

2）用手握住钳形电流表并将手柄握紧，使钳口打开。卡住被测导线后，松开手柄，使钳口封口。应尽量让导线处于钳口的中心位置，这样测量最准确。

3）按所选量程和指示值求被测电流值。

（3）注意事项。

1）测前先预估被测电流值在什么范围，然后选择好量程转换开关位置（一般有 10、

25、75、100、250A挡）；或者先用大量程测量，然后逐渐减小量程以适应实际电流大、小的量程。

2）被测载流导线应放在钳口中央，否则会产生较大误差。

3）保持钳口铁芯表面干净，钳口接触严密，否则测量不准。

4）测完后，调到最大电流量程上，以防下次测量时损伤仪表。

3. 绝缘电阻表

绝缘电阻表是电动机检修中常用的测量电动机绝缘电阻的仪表。电动机额定电压在500V以下的，可选用500V绝缘电阻表，如选用ZC25-3型绝缘电阻表；电动机额定电压高于500V时，可选用1000V（ZC11-4型）绝缘电阻表和2500V（ZC11-5型）绝缘电阻表。绝缘电阻表的结构如图1-19所示。

（1）使用方法。使用前，要检查绝缘电阻表是否正常，为此要做一次"开路"和"短路"检查试验。将绝缘电阻表的L、E接线端钮隔开（开路），如图1-20所示，用右手摇动手柄，在摇动时由慢到快，使转速达到120r/min；左手拿表的接线端钮，并用左手手掌按住表具，以防止摇动手柄时仪表晃动，使测量结果不准。当表的指针指向"～"处时，说明开路试验合格。把表的两个接线端钮L、E合在一起（短路），如图1-21所示，缓慢摇动手柄，指针应指向"0"处，如果摇几下，指针便指向零，要马上停止摇动手柄，因为这已经表明此表的短路试验合格，如果再继续摇下去会损坏表具。如果上面两个检验不合格，则说明绝缘电阻表异常，需修理好之后再使用。

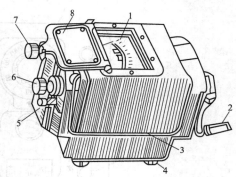

图1-19 绝缘电阻表的结构

1—刻度盘；2—发电机摇柄；3—提手；
4—橡皮底脚；5—保护环接线柱；
6—线路接线柱；7—接地接线柱；8—表盖

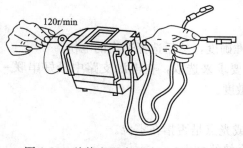 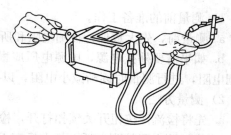

图1-20 绝缘电阻表开路试验示意图　　　　图1-21 绝缘电阻表短路试验示意图

（2）注意事项。

1）必须在被测电器、电动机断电的情况下进行测量，并且在测量前要对被测设备充分放电。

2）绝缘电阻表要放在平稳的地方，摇动手柄时，要用另一只手扶住表，以防表具摆动影响读数。

3）摇动手柄时应先慢后渐快，切忌后摇动的速度忽快忽慢，手摇动的速度控制在（120±24)r/min，表针指示平稳，一般以摇动1min作为读数标准。

4）测量完毕后，应先将连线端钮从被测物上移开，再停止摇动手柄。测量后要将被测物对地充分放电。

4. 直流电阻电桥

直流电阻电桥用于电动机绕组或电器线圈的直流电阻的测量。常用的直流电阻电桥有两种：①测量电阻值较大的单臂电桥，用于测量 10Ω 及以上的电阻；②测量电阻值较小的双臂电桥，用于测量 10Ω 及以下的电阻。

（1）单臂电桥的使用。QJ23 型单臂电桥是使用十分广泛的一种直流电桥，其测量范围是 1～9999Ω，在 10～9999Ω 范围内的准确度为 0.2 级，在 1～9.999Ω 范围内的准确度为 2 级，适用于中值电阻测量。其面板布置如图 1-22 所示。

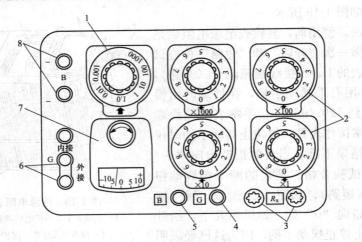

图 1-22　QJ23 型单臂电桥面板布置示意图

1—倍率旋钮；2—比较臂读数盘；3—被测电阻接线柱；4—检流计按钮；
5—电源开关按钮；6—检流计接线柱；7—检流计；8—外接电源接线柱

1）测量前的准备工作。

a. 测量前，先大致估计被测电阻和所要求的准确度，然后选择适当的电桥。

b. 如果需要外接电源，电源电压应根据电桥要求来选取，在电源支路中最好串联一个可调电阻，进行测量时逐渐减小电阻，以提高灵敏度。

2）测量方法。

a. 先将检流计按钮开关锁扣打开，检查指针或光点是否指在零位。

b. 将被测电阻接到电桥面板上标有 R_x 的两个接线柱上。

c. 根据被测电阻的估计值选择适当的倍率，使比较臂四挡位可调电阻被充分利用，以提高读数的准确度。

d. 测量时，按下电源开关 B 并锁住（将按钮按下后向某一方向旋转），然后按检流计按钮 G（先不能旋紧锁住），若此时指针向正方向偏转，则说明比较臂电阻值不够，应加大；反之，应减小。这样反复调节，直至指针停留在零位。在调节过程中，需调一下比较臂电阻，按一下检流计按钮 G，观察平衡情况。因为电桥未接近平衡前检流计通过的电流较大，如果长时间按下按钮或将它旋紧锁住，检流计易损坏。只有当检流计指针偏转不大时，方可按下旋转锁住按钮进行反复调节。

e. 读数时应将比较电阻读数乘上倍率。

f. 测量完毕，先松开检流计按钮 G，再放松电源开关按钮 B。

（2）双臂电桥的使用。QJ44 型双臂电桥是专门测量低电阻值的专用仪表，有效量程为是 0.0001～0.001Ω，其准确度在 0.01～11Ω 范围内为 0.2 级，在 0.0001～0.0011Ω 范围内为 1 级，适用于低值电阻测量。其面板布置如图 1-23 所示。双臂电桥测量前的准备工作与单臂电桥相同。

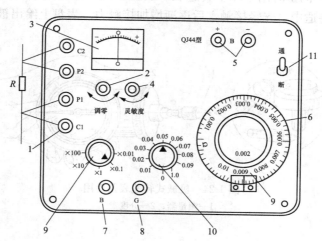

图 1-23　QJ44 双臂电桥面板布置
1—外接引线端子；2—调零旋钮；3—检流计；4—检流计灵敏旋钮；
5—外接电源端子；6—小数值拨盘；7—电源开关按钮；
8—检流计按钮；9—倍率旋钮；10—大数旋钮；11—电源开关

1）测量方法。

a. 将电源开关拨向"通"的位置，电源接通，待放大器稳定后，检流计调零。

b. 将待测电阻接入电桥 C1、P1、P2、C2 的接线柱（C1、C2 接外侧，P1、P2 接内侧）。

c. 估计被测电阻值，选择适当倍率，调节检流计灵敏度在最低位置；先按下 B 按钮，后按下 G 按钮，在适当的灵敏度下取得电桥平衡，步进读数和滑线读数之和乘以使用的倍率，就等于被测量的电阻值。

d. 测量完毕后，先松开 G 按钮，再松开 B 按钮。将电源开关拨向"断"的位置，电源断开。

2）注意事项。

a. 若按下按钮 G，指针很快打到了"＋"或"－"的最边缘，则说明预调值与实际值偏差较大，此时应松开 G 按钮，调整有关旋钮后，再按下 G 按钮观看调整情况。检流计指针长时间偏在边缘处会对检流计造成损害。

b. B、G 两个按钮分别负责电源和检流计的合断。使用时应注意先按下 B，再按下 G；先松开 G，再松开 B；否则有可能损坏检流计。

c. 长时间不使用时，应将内装电池取出。

5. 转速表

转速表主要是用来测量电动机或其他设备转速的一种常用仪表。常见的转速表有机械式和反光式两种。下面以机械式转速表为例介绍其使用方法。

使用机械式转速表测量时，要先估算待测设备的转速，然后把分度盘转到所需的测量范围；如果不知转速，可将分度盘放在最高挡位，然后在停转后向下调到合适的挡位。

如图 1-24 所示，测量时用手端平转速表，表盘朝上，将测量器（橡胶头）插入转轴的顶螺内孔内，用力要适中，先轻接触，后逐渐增加接触力。表盘上给出被测设备的转速，稳定时再记录。

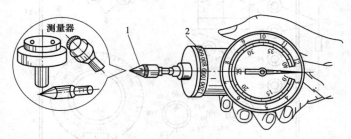

图 1-24　机械式转速表及使用

1—测量器；2—分度盘

第二章　笼型电动机的拆装与零部件检修

第一节　笼型电动机的结构

三相异步电动机由定子和转子两大基本部分组成，定子、转子之间有气隙，另外还有机座、轴承、端盖、接线盒、风扇和风扇罩等附件。图 2-1 所示为小型三相笼型异步电动机的结构。

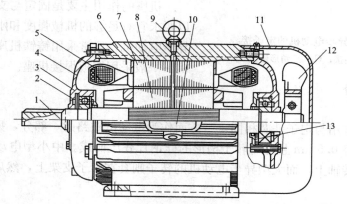

图 2-1　小型三相笼型异步电动机的结构

1—轴；2—弹簧片；3—轴承；4—端盖；5—定子绕组；6—机座；7—定子铁芯；
8—转子铁芯；9—吊环；10—接线盒；11—风扇罩；12—风扇；13—轴承端盖

一、定子部分

1. 定子铁芯

定子铁芯是异步电动机主磁通磁路的一部分。为了减少旋转磁场在铁芯中引起的涡流损耗和磁滞损耗，定子铁芯由导磁性能较好、厚度为 0.5mm 且冲有一定槽形的硅钢片叠压而成。对于容量较大（10kW 以上）的电动机，在硅钢片两面涂以绝缘漆，作为片间绝缘。

在定子铁芯内圆开有均匀分布的槽，槽内放置定子绕组。图 2-2 所示为定子铁芯槽形状，其中图 2-2（a）是开口槽，用于大中型容量的高压异步电动机中；图 2-2（b）是半开口槽，用于中型 500V 以下的异步电动机中；图 2-2（c）是半闭口槽，用于低压小型的电动机中。

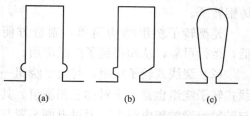

图 2-2　定子铁芯槽形状

（a）开口槽；（b）半开口槽；（c）半闭口槽

2. 定子绕组

定子绕组是异步电动机定子的电路部分，它由许多线圈按一定的规律连接而成。能分散嵌入半闭口槽的线圈，由高强度漆包圆铜线或圆铝线绕成；放入半开口槽的成型线圈，用高强度漆包扁铝线或扁铜线，或用玻璃丝包扁铜线

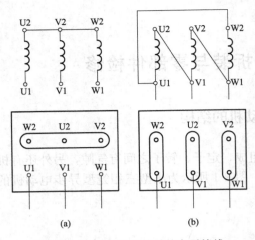

图 2-3　三相异步电动机的定子接线

（a）星形连接；（b）三角形连接

绕成；开口槽也放入成型线圈，其绝缘通常用云母带。放置线圈槽壁之间必须隔有槽绝缘，以免电动机在运行时绕组出现击穿或短路故障。

三相异步电动机的定子绕组是一个三相对称绕组，由三个完全相同的绕组组成，每个绕组即一相，三个绕组在空间相差 120°电角度，每相绕组的两端分别用 U1-U2、V1-V2、W1-W2 表示，可以根据需要接成星形或三角形，如图 2-3 所示。

3. 机座

机座的作用主要是固定与支撑定子铁芯，所以要求它有足够的机械强度和刚度。对于中小型异步电动机，通常采用铸铁机座；对于大型电动机，一般采用钢板焊接机座。

二、转子部分

1. 转子铁芯

转子铁芯的作用与定子铁芯相同，一方面作为电动机磁路的一部分，另一方面用来安放转子绕组。它用厚 0.5mm 且冲有转子槽形的硅钢片叠压而成。中小型电动机的转子铁芯一般都直接固定在转轴上，而大型异步电动机的转子则套在转子支架上，然后让支架固定在转轴上。

2. 转子绕组

转子绕组的作用是产生感应电动势、流过电流并产生电磁转矩。其按结构形式可分为笼型转子绕组和绕线式转子绕组两种。下面分别说明这两种绕组的特点。

（1）笼型转子绕组。在转子铁芯的每一个槽内插入一根铜条，在铜条两端各用一铜环把所有的导条连接起来，这称为铜排转子，如图 2-4（a）所示；也可用铸铝的方法，将导条、端环和风扇叶片一次铸成，称为铸铝转子，如图 2-4（b）所示。100kW 以下的异步电动机一般采用铸铝转子。

笼型转子绕组结构简单，制造方便，成本低，运行可靠，从而得到了广泛应用。

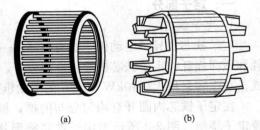

图 2-4　笼型转子绕组

（a）铜排转子；（b）铸铝转子

（2）绕线式转子绕组。与定子绕组一样，绕线式转子绕组也是一个对称三相绕组。其一般接成星形，三根引出线分别接到转轴上的三个与转轴绝缘的集电环上，通过电刷装置与外电路相接。如图 2-5 所示，它可以把外接电阻串联到转子绕组回路中去，以便改善异步电动机的起动及调速性能。为了减少电刷引起的损耗，中等容量以上的电动机还装有一种提刷短路装置。

三、其他部分及气隙

除了定子和转子外，笼型电动机组成部分还有端盖和风扇等。端盖除了起防护作用外，

还装有轴承，用以支撑转子轴；风扇则用来通
风冷却。

异步电动机的定子与转子之间的气隙比同
容量直流电动机的气隙小得多，一般为 0.2～
2mm。气隙的大小对电动机的运行性能影响很
大。气隙越大，由电网供给的励磁电流越大，
则功率因数越低。要提高功率因数，气隙应尽
可能地减小。但由于装配上的要求及其他原因，
气隙又不能过小。部分机座号的最小气隙见表
2-1。

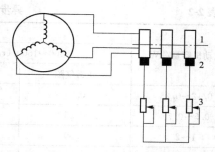

图 2-5　绕线式转子绕组与外加变阻器的连接
1—集电环；2—电刷；3—变阻器

表 2-1　　　　　　　　　　　　部分机座号的最小气隙

极数	机座号						
	3 号	4 号	5 号	6 号	7 号	8 号	9 号
	气隙值/mm						
2	0.3	0.5	0.6	0.7	0.8	1.1	1.6
4	0.28	0.3	0.4	0.5	0.6	0.7	1.9
6		0.3	0.4	0.5	0.5	0.6	0.65
8		0.3	0.4	0.45	0.5	0.6	0.65

第二节　笼型电动机的拆卸与组装

一、笼型电动机的拆卸

三相异步电动机的主要检修项目需要在拆卸后进行，因此电动机的正确拆卸是做好电动
机检修工作的重要一步。如果拆卸不得法，不仅会拆坏零部件，还会把零部件的装配位置弄
错。这样不仅会造成返工，而且会给检修后电动机的使用留下隐患。因此，在电动机的检修
中，应先掌握三相异步电动机的拆装技术。

（一）拆卸前的检查和测试项目

在拆卸过程中，应注意与其他人互相配合，做好检修前原始数据的测量和记录。

1. 初步的机械检查

初步的机械检查内容包括：

（1）检查机座和端盖有无裂纹。

（2）检查轴的转动是否灵活。

（3）测量转子的轴向窜动。

2. 测量定子与转子间的气隙

用塞尺在四个直径位置上测量气隙，重复三次，每次都把转子转120°，气隙最大偏差不
应超过其算术平均值的±10%。表 2-2 列出了异步电动机的平均气隙。

表 2-2	异步电动机的平均气隙			(mm)
电动机容量/kW	电动机轴的转数			
	500~1500/(r/min)		3000/(r/min)	
	正常气隙	增大气隙	正常气隙	增大气隙
0.12~0.25	0.20	0.30	0.25	0.40
0.5~0.75	0.25	0.40	0.30	0.50
1~2	0.30	0.50	0.35	0.50
2~7.5	0.35	0.65	0.50	0.80
10~15	0.40	0.65	0.65	1.00
20~40	0.50	0.80	0.80	1.25
50~75	0.65	1.00	1.00	1.50
100~180	0.80	1.25	1.25	1.75
200~250	1.00	1.50	1.50	2.00

测量气隙时，应注意在电动机的两端分别测量，塞尺要塞在定子和转子的齿顶上，而不能放在槽楔上，并要避免定子和转子上漆瘤的影响。

3. 检查定子绕组和转子绕组的绝缘

用绝缘电阻表测量定子绕组和转子绕组对地的绝缘电阻。额定电压 500V 以下的电动机，用 500V 的绝缘电阻表。绝缘电阻值一般应大于 1MΩ，并且与上次测量的绝缘电阻值比较，应无显著的下降。

如果电动机的绝缘电阻值达不到要求，对于旧电动机来说，大多数原因是受潮，应将电动机进行干燥，经测量绝缘电阻合格后再用；如果相间绝缘（或对地）电阻为零，则说明有相间短路或接地，要将电动机拆开仔细检查。

4. 测量定子绕组和转子绕组的直流电阻

测量应在冷状态下进行，同时用酒精温度计测量绕组的温度，并保证温度计和被测处的可靠接触。

直流电阻的测量可用电桥测量，也可用电压降法（仪表准确度至少应为 0.5 级）测量。

由于绕组每相的直流电阻很小，在有条件的情况下，最好用电桥测量。定子绕组各相或分支绕组的直流电阻值应非常接近，相互间的差别不应超过 2%。此种差别与以前测量（出厂或上一次交接试验时）的差别比较，相对变化也不应大于 2%。转子绕组的直流电阻与以前测量的结果相比较，互相间的差别不应超过 2%。

测量直流电阻值可发现绕组严重的匝间短路或断路。一相绕组全断时，电阻为无穷大；两根并绕或两路并联的电动机，断一根或一路时，该相电阻为正常值的两倍。如果没有电桥，对小型电动机也可用万用表的欧姆挡（*1 挡）进行不太精确的测量（小型电动机绕组的电阻较大）。

（二）拆卸前的准备

（1）备齐拆卸工具，特别是拉具、套筒等专用工具。

（2）选好拆装的合适地点，事先清扫和整理好现场环境。

（3）熟悉被拆电动机的结构特点、拆装要领及它所存在的缺陷。

（4）做好标记：

1）标出电源线在接线盒中的相序。

2）标出联轴器或带轮与轴台的距离。

3）标出端盖、轴承、轴承盖的负荷端与非负荷端。

4）标出机座在基础上的准确位置。

5）标出绕组引出线在机座上的出口方向。

（5）拆开对轮螺栓、地脚螺栓、电源线和保护接地线，认真地将所有螺栓及其他零件做好记号，存放在预定的位置。将电动机拆离基础，并吊运至检修现场。若电动机与基座间有垫片，应记录并妥善保存。

（三）拆卸步骤

1. 拆卸胶带轮或靠背轮

拆卸时应使用合适的拉盘等工具。如有顶丝（支头螺钉），应先旋下，然后在螺钉孔内注入汽油或煤油（如带轮装得不紧，这一工作可省），便可进行拆卸，如图2-6所示。注意：切不可用铁锤使劲猛打的方法拆卸，因为不但会损坏胶带轮或靠背轮，还会损坏电动机转轴。

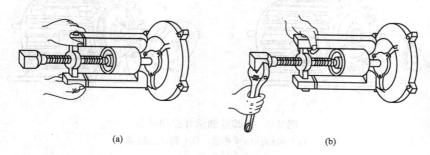

图 2-6　拆卸带轮

（a）装上拉模；（b）扳动拉模上的螺钉杆将带轮慢慢拉出

2. 拆卸风罩和风扇

小型电动机的风扇可以不拆卸，与转子一起抽出，如图2-7所示。

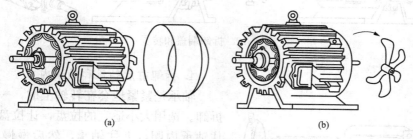

图 2-7　拆卸风罩和风扇

（a）拆卸风罩；（b）拆卸风扇

3. 拆卸轴承盖和端盖

先拆下后轴承外盖；再旋下后端盖的紧固螺栓，拆下后端盖；然后拆下前轴承外盖，再旋下前端盖的紧固螺栓拆下前端盖,最后用螺钉旋具插入端盖的根部,把端盖按对角线一先一后地向外扳撬,把后端盖连同转子一起拉出。注意前后两端盖要标上不同记号,以免以后组装时前后装错。对于绕线式转子电动机,应先提起和拆除电刷、刷架和引出线,如图2-8~图2-10所示。

(a)　　　　　　　　　　　　　　(b)

图 2-8　拆卸后轴承外盖和后盖

(a) 拆卸后轴承外盖;(b) 拆卸后端盖

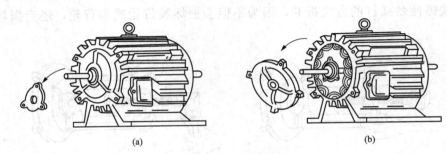

(a)　　　　　　　　　　　　　　(b)

图 2-9　拆卸前轴承外盖和前盖

(a) 拆卸前轴承外盖;(b) 拆卸前端盖

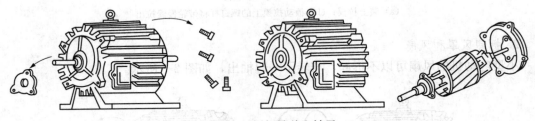

图 2-10　拆卸端盖和转子

4. 拆卸前后轴承和轴承内盖

轴承是紧紧地套在转轴上的,一般需用拉盘拆卸。选用大小适宜的拉盘,让拉盘的脚紧紧扣住轴承内圈,夹住轴承,然后慢慢地扳动螺钉杆,轴承就渐渐地脱离转轴拆卸下来,如图2-11所示。如果没有拉盘,还可用敲打的方法拆卸。

5. 抽出或吊出转子

注意不要碰伤定子绕组和转子。对较重的转

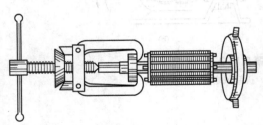

图 2-11　用拉盘拆卸轴承

子，最好用起重葫芦将转子慢慢吊出。

（四）几个主要部件的拆卸方法

1. 联轴器或带轮的拆卸

先旋松带轮上的固定螺钉或敲去定位销子，在带轮或联轴器内孔与轴结合处加入煤油沿轴浸润；再用专用的拉具—拆卸器（又称拉轴器、拔子）钩住带轮或联轴器缓慢拉出。操作时，应选择大小合适的拉具，拉钩要对称地钩住带轮或联轴器的内圈，两钩爪受力应一致。有时为了防止拉钩滑脱，还需用金属丝捆绑两拉杆。中间主螺杆应与轴中心线一致。在旋动螺杆时，要保持两臂平衡，用力均匀、平稳。对轴中心较高的电动机，可在拉具下面垫上木块。若转轴与联轴器内孔结合处锈蚀或过盈尺寸偏大，拉不下来，可用加热法：根据联轴器的大小、厚度和配合情况，擦净其上的油污，用石棉包住转轴，先将拉具装好并拧紧到一定程度，用火焊或喷灯快速而均匀地沿带轮或联轴器圆周适当加热，温度不宜过高，一般控制在 190～240℃。当达到预定温度后，迅速加力旋转拆卸器，可顺利地将带轮或联轴器取下。

2. 端盖的拆卸

为防止装配时弄错，拆卸时必须先在端盖与机座接缝处画上对正记号，两边端盖的记号要有区别。

装滚动轴承的电动机先拆轴承盖，再卸端盖；绕线式电动机一定要举起电刷。拆卸端盖时，先拆负荷侧。小型电动机，在拆除另一端盖时，可以连带风扇和转子一起抽出。

拆卸端盖，先拧下前、后端盖与机壳的固定螺钉，然后用木锤或铜棒沿端盖边缘轻轻敲打，使端盖从机座上脱离。端盖离开止口后，把它放在木架上，止口应向上。

3. 抽出转子

在抽出转子之前，应在转子下面气隙和绕组端部垫上厚纸板，以免抽转子时碰伤铁芯和绕组。对于小型电动机的转子（一般质量在 30kg 以下），可直接用手抽出或两人抬出。转子风扇直径大于定子膛孔时，转子应从风扇侧取出。有滑环的电动机，转子从滑环侧取出。

在抽转子（或放进转子）过程中，要特别注意不使转子碰到定子，抽出的转子应放在硬木衬垫上。

4. 轴承的拆卸

中小型电动机的轴承为滚动轴承，拆卸时应使用专用工具进行操作。滚动轴承的结构如图 2-12 所示。为了不使轴承的外套受力而被拉脱，专用工具的卡板应卡在轴承的内套上，将调整螺杆对准转子轴端头的中心孔，旋动调整螺杆略加力后，用手转动轴承外套时应能自由活动，并注意卡板不要与轴相碰，然后扳动调整螺杆对轴承内套加力。与此同时，用手锤轻敲卡板内套（不要直接敲打轴承内套），当轴承略有松动时，再用力旋紧调整螺杆，将轴

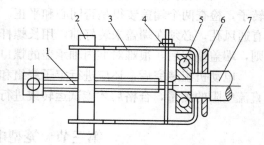

图 2-12　滚动轴承的结构

1—螺杆；2—卡板架；3—卡板；4—调整螺杆；
5—滚动轴承；6—轴承内端盖；7—电动机转轴

承拉出轴外。若轴承过紧而不能拉动，可在轴承内套上浇注热油，使内套受热膨胀便能拉出。

二、笼型电动机的组装

（一）组装前的准备

（1）认真检查组装工具是否齐备，场地是否清洁。

（2）彻底清扫定子、转子内表面的尘垢，并用蘸有汽油的棉布（汽油不能太多，以防汽油浸入绕组内，破坏绝缘）擦拭。

（3）检查气隙、通风沟、止口处和其他空隙，如有无杂物和漆瘤，必须清理干净。

（4）检查槽楔、绑扎线、绝缘材料是否松动脱落，如有无高出定子铁芯表面的地方应清除掉。

（5）检查各相绕组冷态直流电阻是否基本相同，各相绕组对地和相间绝缘电阻是否符合要求。

（二）组装的步骤和方法

电动机组装的步骤大体上与拆卸的步骤相反。下面以采用滚动轴承的小型笼型异步电动机为例，说明组装的步骤和方法。

（1）在轴上套进内轴承盖，盖的凹槽内加黄油，然后擦净轴颈，热套轴承至轴颈肩胛为止。热套的方法是将洗净的轴承预先置于 $90\sim100\,℃$ 的热油中，加热后，趁热套在轴上。套轴承时，不允许用铁锤在轴承四周敲打，应采用一根内径比轴外径略大而比轴承内圈略小的钢套管，抵住轴承内圈，朝套入方向敲打套管，将轴承敲打到位。在轴承空间里涂上黄油，使黄油占空间的 $1/2\sim2/3$ 为宜。

（2）把转子放入定子膛内，小型转子可直接用手放入或两人抬入。放入转子时，应注意转子轴伸出端和接线盒的相对位置。

（3）端盖的组装。端盖组装前，先装上挡风板。清除端盖内的尘垢，擦去锈蚀，并涂上红丹漆。

1）先装后端盖。按拆卸前所做的记号，转轴短的一端是后端。将后端盖轴承座孔对准轴承外圈套上，然后一边使端盖沿轴转动，一边用木锤或紫铜棒轻打端盖四周。如果用铁锤，被打面必须垫上木板再打，直至端盖到位为止。套上后轴承外盖，用螺栓把内外轴承盖固定在端盖上。拧螺栓时，应对角地轮流旋紧螺栓，以防轴承盖破裂或歪斜卡住轴端。

2）后装前端盖。装配时，应把转子弄成水平，接着把止口对合，拧上螺栓。用手扳动转子，检查两个端盖装得是否同心和平正。若端盖稍有歪斜，转子就会被卡住。若端盖上没有通风孔，必须在端盖未装好前，用长螺杆或铁丝穿过端盖上的螺孔，把内轴承盖拉住；否则，端盖装好后，很难对准内轴承盖的螺口。

电动机组装完后，还应进行定子绕组和转子绕组（绕线式电动机）绝缘电阻及各相绕组直流电阻的测量，合格后才能试运转或进行必要的试验。

第三节　笼型电动机零部件的检修

一、异步电动机的定期大修

电动机长期运行以后，由于受周围环境的影响，尤其是条件比较差的情况，如发电厂中锅炉、燃料等分场的电动机经常有粉尘、油垢、水汽等的侵入，致使电动机定子铁芯通风槽中和线圈端部积存许多脏物。这些脏物对电动机内部的散热十分不利，会使电动机温度升高，影响电动机的正常运行。所以电动机需要定期大修，消除长期运行积累的缺陷和内部隐患。

电动机大修解体后，首先用压力为 $1.96\times10^5\sim2.94\times10^5\mathrm{Pa}$ 的压缩空气吹净各部位的灰尘，然后用抹布擦拭绕组。如有油污，还需用四氯化碳或汽油（注意防火）浸在布上擦拭绕组，对引线和瓷绝缘子等部分也应擦净。如果油垢较厚或有擦不到的部位，可用小木片、小竹片或绝缘板做成的剔片清除，或在剔片上包布擦拭，直至擦净为止。注意：不得用金属工具清理，以免损伤绝缘。

上述的吹灰扫除工作必须认真进行。在清扫工作之后，需要分别对定子和转子进行逐项检查，如有缺陷要做相应处理。

（一）对定子的检修

首先从外观看，定子外壳、地脚固定件应无裂纹、开焊和损伤变形；然后分别对定子铁芯和定子绕组进行详细的检查。

1. 定子铁芯

定子铁芯各部分应紧固完整，没有过热变色、锈斑、磨损、变形、毛刺、折断和松动等异常现象。如发现有局部的过热变色痕迹，应做铁芯发热试验，对超过发热允许值的部位应及时处理。发现有毛刺，可用刮刀修平。如有锈斑，则用细砂纸打磨，吹净碎屑，并用绝缘漆涂刷好铁芯表面。可以用小刀或螺钉旋具检查铁芯是否松动，以不能插入硅钢片之间作为铁芯不松动的标准。若铁芯松弛，应在松弛处打入胶木楔子。检查铁芯与机座的连接是否紧固可靠，有无开焊和位移，机座外壳有无裂纹，机壳止口是否完好，有无锈斑。如有铁锈，应打磨干净，进行刷漆。检查通风沟孔是否畅通无阻。

2. 定子绕组

检查定子绕组绝缘的状况。绕组表面漆膜应完整、平滑光亮、紧固而柔韧。从风道处查看，绝缘应平直完整，没有膨胀现象。端部垫块、隔木和绑线应齐全、紧固可靠。若有漆膜剥落、膨胀、变焦、流胶及过热、脆化、裂纹和磨损等现象，必须查明原因，然后根据检修规程进行刷漆修补。脱落严重时，应在彻底清除后重喷原质绝缘漆。用手触及或用螺钉旋具木柄敲击定子绕组，判断其是否坚实。如有松动，应退出槽楔，重新垫好绝导，打入槽楔使其坚固。如有变焦的槽楔，则应更换。槽楔处理后，槽内线圈应松紧适宜，不能过紧或过松，一般以手推槽楔能推进一些，再轻轻打入为宜。更换槽楔后，应喷漆或刷漆，并做耐压试验。取出旧槽楔时，不要损伤线圈，切忌猛打或硬挤，以防打坏绕组。检查线圈端部绝缘，如有油污应擦拭干净。绑线或垫块松弛、掉落或断裂，应重新更换和绑扎；有脱漆的，应重新刷漆。

检查引线绝缘、引线绝缘子是否完好，引线是否断裂，若有问题，应重包绝缘，焊接引线，修补或更换绝缘子。

对定子的检查要仔细地进行两次：第一次在抽出转子后，第二次在装端盖前。

（二）对转子的检修

先用压力为 $1.96\times10^5\sim2.94\times10^5\mathrm{Pa}$ 的压缩空气吹净转子各部位的灰尘，用抹布浸汽油擦掉积垢和油污，再用干净抹布擦净。

（1）检查转子各部分。对于笼型转子，笼条和短路环应紧固可靠，没有断裂和松动。

（2）检查风扇。叶片应紧固，铆钉齐全、丰满，用锤轻敲叶片的声音应清脆。平衡块牢固、无位移。

（3）检查转轴。滑动面应清洁光滑，无损伤、锈斑和椭圆变形。

（三）对轴承的检修

中小型电动机普遍采用滚动轴承，下面介绍这种轴承的检修。

运行中的电动机轴承，由于尘埃等污物的进入，或因长期运行使润滑油缺少；同时，由于机械和电气方面的原因，使电动机旋转部分产生振动或串动。上述情况使轴承在极不利的条件下运转，往往造成轴承的发热，甚至烧毁。因此，轴承需要检修。

1. 判断轴承是否损坏的方法

电动机运转时，若听到有不均匀的转动杂音，应当首先考虑是否是由于轴承的工作不正常而引起的。检修时，拆下轴承后，可用手拨动轴承外圈，使之转动，若无松动的感觉，转动平滑自如，这说明轴承是好的；若转动中有松动或卡滞不灵活的现象，说明轴承存在问题，需要进一步分析检查。

2. 轴承常见故障的处理和检修方法

（1）轴承的清洗换油。运行中轴承有轻微的杂音或伴有温度升高，常常是因为轴承润滑油的严重脏污或润滑油不足而引起的。对这种情况，应先考虑清洗轴承，方法：无需将轴承拆下来，可打开轴承盖，把旧油挖出来，用清洁的刷子或布蘸汽油清洗，最少两遍，再用干净的抹布擦干净。注意：刷洗时不要让轴承转动，以免杂物压在轴承内。用热油清洗，效果会更好。洗净后检查轴承，如无明显摇动和滚珠表面无剥落现象，则可加润滑油重新使用。常用的润滑油是黄油和二硫化钼，对低速电动机（1500r/min 以下），在轴承空间可加 2/3 黄油；对高速电动机（1500r/min 以上），装 1/2 的二硫化钼为宜。

（2）轴承内环、外环与轴、端盖膛孔配合松动的处理。若为轻微的松动，可以用增加配合面摩擦的办法，即用凿子在端盖孔的圆周上打一排印子，使之配合紧密。但这只是应急措施，不能常用。对于轴承内环与轴之间的配合松动，可采用轴磨损后补焊或金属喷涂的方法使之配合紧密。

（3）轴承本身的缺陷处理。滚动轴承内、外圈必须光滑，无伤痕、无变形、无锈迹。用手拨动应转动灵活，无咬住、制动、摆动和轴向窜动等缺陷。若轴承本身有扭曲变形、剥离或有裂纹，滚珠有麻点、缺损，以及轴承因受热回火，致使硬度严重下降、长期使用磨损严重等，则应更换新轴承。

二、异步电动机局部故障的检修

（一）定子绕组局部故障的检修

1. 定子绕组绝缘电阻下降

长期在恶劣环境中使用或存放的电动机，由于受到潮气、水滴、灰尘、油污、腐蚀性气体等的侵袭，将导致电动机定子绕组绝缘电阻的下降。存放的电动机，使用前若不及时检查，可能引起绕组绝缘击穿，甚至烧毁。

检查绕组的绝缘用绝缘电阻表。根据电动机的额定电压选用合适的绝缘电阻表，500V 及以下的电动机，选用 500V 绝缘电阻表。用绝缘电阻表检查电动机绝缘时，要采用正确的接线，以 120r/min 匀速摇 1min，冷状态下电动机的绝缘电阻应大于 1MΩ。

若遇到所测电动机存在对地短路，应迅速停止摇动，以免损坏绝缘电阻表。

电动机定子绕组绝缘电阻下降的直接原因，除一部分是绝缘老化外，大多数是绝缘受潮，一般需要对电动机绕组进行干燥处理。

2. 定子绕组接地

（1）接地点的寻找方法。寻找接地点的方法较多，具体要根据现场情况而定。

1）对于不完全接地，可采用冒烟法。在定子铁芯和绕组间加一较低电压（电流限制在5A以下），当电流经过故障点时会发热，使绝缘烧坏而冒烟或产生电火花。

2）对于金属性接地故障，一般用电压降法和开口变压器法。

a. 电压降法在转子抽出后，将交流或直流电源接于故障相的两端，如图 2-13 所示。读出三块电压表所测电压分别为 U_1、U_2、U_3，由于 $U_1+U_2 \approx U_3$，按电压的比例求出接地点距离引线长度的百分数 L。距离故障点 D 的百分数 $L=U_1/U_3 \times 100\%$。

b. 开口变压器法。先确定故障相，然后在故障相与定子铁芯间加一低压交流电，如图 2-14 所示。这样在电流导入端至接地点之间，所有串联的线圈中都有电流，而接地点以后的线圈则无电流。这时用开口变压器跨在槽的上面，逐槽进行测量，在每槽上顺轴向移动开口变压器，当全槽都有感应电压产生时，说明接地点还在后面槽内。当开口变压器在 x_1、x_2 槽由上向下移动时，到 D 点后，开口变压器线圈所接的微安表指示消失（或减少），则表示故障点在 D 处。

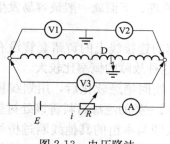

图 2-13　电压降法

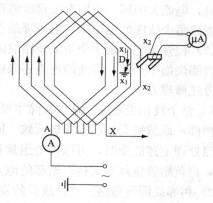

图 2-14　开口变压器法

（2）检修工艺。对于中小型电动机绕组接地故障的修理，应仔细地观察绕组损坏情况，视不同的具体情况而采取不同的修理方法。除了绕组绝缘已经老化、枯焦、发脆以外，其余故障情况都可以进行局部修理。槽口或易看得见的故障点，可在故障点塞入天然云母片来处理。若绕组的上层边绝缘损坏，可打出槽楔，修补槽衬或抬出上层线匝进行处理；如果故障点在槽底，则只能更换槽衬。因为要抬出一个节距的线圈，所以工作时应特别小心，不要碰伤匝间绝缘。在抬出线圈之前，可将绕组加热（温度在 75～85℃），待绝缘软化后，用竹片撬开槽衬小心修理。修完后，吹净碎屑，再浸一次漆。

3. 定子绕组短路

（1）短路点的寻找方法。寻找短路点的方法一般有直观法、开口变压器法和电压降法。

当匝间短路严重时，拆开电动机后便可以明显地看出，绕组表面绝缘变色和有局部烧损。若是新电动机或新修的小型电动机，可接通电源空转 1min 左右，然后迅速停下，用手触摸绕组端部，如有线圈比其他线圈热，则表明有匝间短路存在。

用开口变压器检查短路故障是最有效的方法。如图 2-15 所示，将已通交流电的开口变

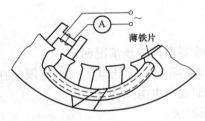

薄铁片

图 2-15　开口变压器检查法

压器放在定子铁芯槽口，沿着各个槽口逐槽移动，这时定子铁芯与开口变压器构成一个磁回路，开口变压器的绕组相当于一般变压器的一次绕组。当它经过一个短路绕组时，该短路绕组成为变压器的二次绕组，则串联于电源回路里的电流表读数增大。若不用电流表，也可用一块薄铁片（或废锯条）放在被测绕组的另一边所在槽口，如图 2-15 所示。如被测绕组短路，则此铁片就会振动，发出吱吱声，表明短路严重；若短路不严重，则无声响，仅有轻微的振动。使用这种方法时，要注意下列几点：①三角形接线的绕组要分相拆开；②多支路并联的绕组要按支路分开；③试验时铁片要远离开口变压器，以防漏磁干扰；④判断双层绕组的故障线圈，当发现一个槽内线圈有匝间短路时，可查出该槽内上、下层绕组各自对应的另一线圈边，并用铁片在两个对应边的槽口探查，根据铁片的不同反应，可确定哪一个是故障线圈；⑤开口变压器在接通电源前，应先将变压器的开口侧放在定子铁芯上，并使接触吻合（以减少闭合回路磁阻），否则开口变压器的绕组会因电流过大而烧坏，同时检查效果也不明显。

在检查绕组短路故障时，有时也用电压降法。此法是将电动机的每相绕组分别通入低压交流电，电流大的那一相即有短路故障存在。然后剥开该相各组间连线的绝缘，用万用表测量每组或每个线圈的电压降，电压降最小的那一组（或那个线圈）短路。

（2）检修工艺。定子绕组的短路故障包括相间短路、极相组短接和匝间短路三种。如果短路线圈烧损不严重，导线的绝缘还未烧坏，可以局部修理。下面就一般最容易发生的短路故障分述修理方法。

1）整个极相组短路。这种故障主要是由于极相组间的连接线上的黄蜡套管没有套到线圈的槽部，或黄蜡套管已被压破所致。同心式绕组发生这种故障的概率比较大。

当处理上述故障时，可以将绕组加热至 80℃ 左右，线圈绝缘软化后，用划线板撬开引线处，将黄蜡管重新套到接近槽部的地方，或者用绝缘纸一类的绝缘材料将该处衬垫好。

2）相邻线圈间短路。这种故障的发生是由于每个线圈与本组的其他线圈过桥线处理不当，或叠绕式线圈嵌线方法不合理，整形时用锤猛击所致。如果短路点在端部，可用绝缘纸垫修复。

3）匝间短路。这种故障是由于导线绝缘破裂而造成的。例如，嵌线时槽满率较高，压破了导线绝缘；或修理断线时，断线处焊接温度太高，烧焦导线绝缘等。因为匝间短路的电流很大，当发现短路故障时，往往这几匝导线已烧成裸线。如果槽绝缘还未完全烧焦，可以将短路的几匝导线在端部剪开，在绕组烘热的情况下（一般加热至 80℃ 左右），用钳子将已坏的导线抽出来。若短路的匝数少于槽内总匝数的 30%，则不必再补穿新导线，只需将原来的线圈接通，即可继续使用。这样做，电动机的电气性能较差些。若整个线圈短路，且占每相总线圈数的 1/12 以下时，可以局部修理，拆去短路导线，穿上新导线。若检修时间不允许，可采用跳接法进行应急处理。跳接时，把短路的一端割开，用绝缘材料把两个端头包好，再把线圈的两个头用导线连接起来。采用这种应急措施时，要适当降低负荷，使用完毕后，仍可按上述方法进行修理。

如果是双层绕组，短路的线圈又在下层，可退出槽楔，然后把上层线圈轻轻向上拉出槽外，接着用上述方法修理。

4. 定子绕组断线

定子绕组断线故障的主要原因是：①接线头焊接不良而松脱；②绕组受到外界机械力的作用而断裂；③绕组短路引起绕组发热而烧断；④在并绕的几根导线中有一根或几根导线断路时，另几根导线由于电流密度的增加而温度上升，引起烧断等。

（1）断线点的寻找方法。根据实际经验，断线故障多发生在电动机绕组的端部、各绕组元件的接头和引出线端等附近，应首先检查这些部位。检查小容量单支路电动机断线时，可用绝缘电阻表（或万用表的低阻挡）和检验灯来查找。查出断线的故障相后，再拆开极相组间或线圈间的连接线，逐级检查，便可找出断线故障点。对于星形接法的电动机，检查时需要每相分别测试；对于三角形接法的电动机，检查时必须把三相绕组的接线头拆开，再每相分别测试。

（2）检修工艺。当绕组断线处在铁芯槽的外端时，可将断裂的导线重新焊接好，并包好绝缘（如果导线是两根以上并绕的，焊接时必须分清导线的端头，否则会引起电流增大）。如果绕组连接处焊接不良，可以重新焊接。绕组的引出线断裂产生的断线，可以更换引出线。若绕组断线在槽内，可用穿线法更换个别线圈，其具体方法与短路检修相同。绕组断线严重时，必须更换绕组。如果电动机急用，也可以采用处理绕组短路故障的跳线法进行处理。采用这种应急措施时，应略微降低负荷，过后应按正常修理方法进行处理。

5. 定子绕组嵌反与接错

定子绕组嵌反或接错时，电动机在运行中，由于绕组中流过的电流方向反向，使电动机的磁通势和电抗不平衡，因此电动机会产生振动、噪声、三相电流严重不平衡、过热等现象，甚至不转、烧断熔丝。

定子绕组嵌反与接错大致有以下几种情况：某极相组中一只或几只线圈嵌反或头尾接错，极相组接反，某相绕组接反，多路并联支路接错，△及Y接法错误。一般电动机的定子绕组有六个引出线端子，每个线端上都标明该相绕组的符号，如图 2-16 所示。如果线端的标记失落或标错，就很容易接反相位，这种情况下，必须先判明绕组的始末端。

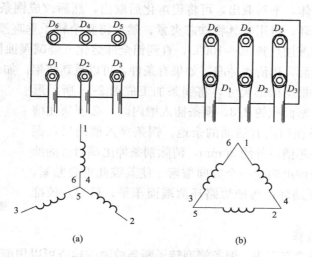

(a)　　　　　　　　　　(b)

图 2-16　三相绕组的连接与接法
（a）星形连接；（b）三角形连接

（二）转子绕组局部故障的检修

笼型转子分为铸铝式和铜条式。转子常见的故障是笼条断裂，一般不易直接看出，必须通过测试才能找出故障点，然后根据故障情况进行必要的修理。

1. 铸铝转子的检修

（1）转子断条的检查方法。

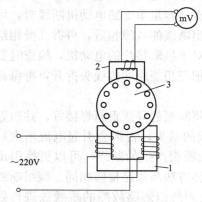

图 2-17　铸铝转子断条的检查
1—铁芯；2—探测器；3—被测转子

1）断条侦察器检查法。断条侦察器利用变压器原理制成，如图 2-17 所示，它有两个铁芯，铁芯 1 上缠有两个绕组，其头尾串联，接 220V 交流电源；铁芯 2 上有一个绕组，接一块毫安表。将被测转子放在铁芯 1 上，用探测器 2 逐槽测量，如果毫安表读数减小，则表示转子在该处有断条。

2）电流波动法。检查时，把三相定子绕组中的两相开路，在其中的一相上接入交流电源，并串入一块电流表。通入电流的数值为该电动机额定电流的 20%～50%。由于定子绕组单相通电转子不会转动，可用手慢慢转动转子。当转子转到某一位置时，串在电源上的电流表读数上、下波动，则说明转子该处有断条；若电流表指针微微波动，可能是气隙磁通不平衡所造成；若电流表指针指示平稳，说明转子绕组无故障。

3）铁粉（又称大电流）检查法。在转子的两个端环上通以低压大电流（200～400A），这种较大的电流可以从交流电焊机或特制的变压器等得到。在转子上撒铁粉，铁粉会均匀地聚集在导条与铁芯槽紧密结合的两条边缘上，这说明导条在导电。若铁粉没聚集在边缘上或特别稀少，说明这根导条有断裂。

（2）修理方法。铸铝转子断条时必须将转子铁芯槽内的铸铝全部取出更换。铸铝笼型转子与转子铁芯成一整体，不易取出，可将铝熔化后取出，然后改成铜条笼型转子。熔铝前，车去转子两端的铝端环，再用夹具将铁芯夹紧；然后将整个转子垂直浸入 30% 浓度的工业用烧碱溶液中，将溶液加热到 80～100℃，直到铝全部熔化（烧碱腐蚀槽内铸铝）为止。转子铁芯从溶液中取出后，用清水冲净。如果有条件，可以重新铸铝；如果无条件，可改为铜条转子。改铜条时，根据槽形尺寸，将铜条加工成图 2-18 所示形状，其截面积不大于槽面积的 2/3。铜条插入槽内时，必须顶住槽口和槽底，不让铜条在槽内有活动的余地。铜条穿入槽内后，铜条两端应伸出转子铁芯槽口外约 20mm，清除铜条伸出端附近的油垢；然后依次把铜条伸出端朝一个方向敲弯，使其彼此重叠贴紧，用铜焊焊接成两端短路环；再把短路环两端面车平；最后，校准转子的平衡。

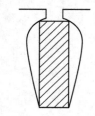

图 2-18　铜条形状和
在槽内的位置

2. 铜条转子的检修

（1）转子断条的检查方法。铜条笼型转子断条故障的检查可以用前述铸铝转子故障的检查方法和工具。另外，也可使用微欧表测量笼条有效电阻的方法来检查。这个方法能简单、准确地测出焊接点的缺陷。检查时，利用针形插棒直接插入笼条的末端靠近端环的附近。当焊点完好时，微欧表测出的是全部并联笼条的总电阻；当笼条在焊点处断裂时，则微欧表测出的是一根笼条的有效电阻。只要电阻值超过正常值的 1.5 倍，该笼条应需更换。

（2）修理方法。铜条笼型转子的断条故障绝大多数是因为铜条和端环的焊接处脱焊。如果脱焊处在槽外明显的地方，可用锉刀清理后，用银焊或磷铜焊料焊牢。若检查出铜条在转子槽部中间断裂，且数量不多，则根据槽形尺寸，配制长柄钻头，将铜条逐段打空，逐段打出损坏的铜条；或在铣床上铣去断裂笼条与端环焊接处，打出已断的笼条。仔细清理铁芯槽后，再按槽形尺寸配制合适的新铜条，打入槽内，用银焊与端环焊牢，并用环氧树脂灌入转子槽内间隙，使笼条与铁芯固化为一体。如果转子铜条断裂较多，需要全部更换，可把转子两端的短路环车去，抽出槽内铜条，照原样换上新铜条。铜条两端伸出转子铁芯槽口约 20mm，伸出部分清理干净后，依次朝一个方向敲弯，用铜焊焊成两个短路环，并车平端面。最后校准转子的平衡。

（三）转轴的检修

异步电动机检修时，也应注意检查转轴有无缺陷，如弯曲、轴颈磨损、键槽磨损、轴裂纹和轴断裂等。缺陷的修理方法如下。

1. 转轴弯曲的修理

若电动机运行中振动增大，检查机座、基础、轴承和转子绕组后均未发现异常时，应将转子夹在车床上，用千分表或划线盘检查转轴是否弯曲。若检查出转轴弯曲，应根据轴的弯曲情况采取适当的处理方法。当轴弯曲不严重时，可用冷打或焊把火烤调直；也可以用磨光轴颈或磨光转子铁芯段的方法，消除轴的弯曲。如果轴弯曲严重，可在压力机上矫正，或用电焊在弯曲处表面均匀堆焊一层，然后用车床车成要求尺寸，并用千分表检查。

2. 轴颈磨损的修理

轴颈磨损较轻时，可在轴颈处镀上一层铬，再磨削至需要的尺寸；如果磨损较多，可用堆焊的方法来修复。如果磨损太大，可采用套筒热套法，先在轴颈处车小 2～3mm，再车一合适套筒，将套筒加热后趁热套入，最后精车。

3. 键槽磨损的修理

键槽磨损时，可用电焊在磨损处堆焊（切勿采用气焊，以免轴变形），然后切削和重铣键槽。如果键槽磨损不大，可在磨损处加宽一些（加宽度不超过原键槽的 10% 左右），也可在磨损键槽的对面另铣一个键槽。

4. 轴裂纹或断裂的修理

对于出现裂纹的轴，当其裂纹深度不超过轴颈的 10%～15%、长度不超过轴长的 10%（纵向）或不超过圆周长的 10%（横向）时，可用堆焊法进行补救。

对于裂纹大或断裂的轴，必须更换新轴。换轴时，小型电动机一般用 35 号或 45 号钢加工新轴（尽量采用和原轴同样的钢号）。

第三章　笼型电动机定子绕组检修及运行测试

第一节　笼型电动机定子绕组基础知识及绕组计算

一、笼型电动机定子绕组的基本分类

笼型电动机绕组是由嵌放在铁芯槽中的若干个线圈（绕组元件）按照一定的规律连接而成的。线圈可以是单匝，也可以是多匝，如图 3-1 所示。

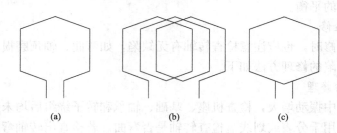

图 3-1　定子绕组线圈
(a) 单匝线圈；(b) 多匝线圈；(c) 简化的多匝线圈

在槽内部分的线圈起着转换能量的作用，称为有效边。两个有效边之间的连线称为端部。绕组的线圈大多数是多匝的，一般多用高强度漆包圆铜线作为线圈材料，绕成所需的形状及尺寸。笼型电动机定子绕组的种类很多，但构成原则是一致的。其按相数不同，可分为单相、两相和三相绕组；按槽中绕组的数量的不同，可分为单层、双层和单双层混合绕组；按绕组端部形状不同，单层绕组分为同心式、交叉式和链式，双层绕组分为叠绕组和波形绕组；按每极每相所占的槽数是整数还是分数，可分为整数槽和分数槽等。

二、笼型交流异步电动机定子绕组的基本要求

当定子绕组通过三相交流电流后，必须保证其所建立的旋转磁场接近正弦波形，以及由该旋转磁场在绕组本身所感应的电动势是对称的。因此，无论哪种形式的绕组，都必须要满足以下基本要求：

（1）绕组各元件的形状、尺寸、匝数、分布及连接方法必须相同，即三相绕组必须是对称分布的。

（2）三相绕组在空间位置上是均匀分布的，即各相绕组引出线（首端或末端）之间相隔120°电角度，以保证三相磁动势及电动势对称。

（3）三相绕组应均匀分布在每个磁极下，以达到磁极对称，各相绕组的极相组应按照同极性头接尾、异极性尾接尾的原则相连接。

三、笼型电动机定子绕组的基本参数

（一）极距 τ

极距是指沿定子铁芯内圆每个磁极所占有的定子槽数，用字母 τ 表示，即

$$\tau = \frac{Z_1}{2p}$$

式中：Z_1 为定子铁芯的槽数；p 为极对数。

（二）节距 y

节距是指每一个线圈两个有效边所间隔的槽数。从绕组产生最大磁动势或电动势的要求出发，节距 y 应接近极距 τ，即

$$y \approx \tau = \frac{Z_1}{p}$$

当 $y = \tau$ 时，称为整距绕组，整距绕组可以感应最大的电动势；当 $y < \tau$ 时，称为短距绕组，短距绕组可以削弱部分高次谐波，节省端部导线及减小绕组电阻，降低铜耗；当 $y > \tau$ 时，称为长距绕组，长距绕组端部较长，费铜料，因此较少采用。因此，双层绕组通常采用 $y_1 = (0.8 \sim 0.9)\tau$ 的短距绕组。长距绕组因端部较长，用铜量较多，一般不采用。实际应用中常采用短距绕组和整距绕组。

（三）电角度

一个圆周所对应的机械角度为 $360°$，这是不变的。而从磁场观点来看，导体每经过一对磁场 N、S，其电动势就完成一个交变周期，即电动势的相位变化了 $360°$，这种交变电动势或电流在交流过程中所经历的角度就称为电角度。一对极（两极）电动机，每转一圆周，经过两对磁极，即变化了两个周期，所以一个圆周对应的电角度为 $270°$；若电动机有 p 对磁极，则定子圆周应为 $p \times 360°$ 电角度。三相绕组对称分布在电动机定子槽中，其在空间相互的间隔是 $120°$ 电角度。

（四）每极每相槽数 q

每相绕组在每个磁极下占有的槽数称为每极每相槽数。笼型电动机定子绕组的每极每相槽数为

$$q = \frac{Z_1}{2pm}$$

式中：m 为相数。

q 个槽所占的区域称为一个相带，用电角度表示。一个极距 τ 对应的电角度为 $180°$，三相交流电动机 $m = 3$，所以相带占有的电角度为 $60°$。按上述规律安排的绕组又称为 $60°$ 相带绕组。

（五）极相组

在一个磁极下属于一相的线圈总和称为一个极相组。同一个极相组中所有线圈的电流方向相同。

四、笼型电动机定子绕组的计算

在修理铭牌失落或数据不全的电动机，以及需要改变某些性能的电动机时，应通过计算得出电动机的各种技术数据。

（一）定子绕组匝数的计算

1. 每相串联匝数

$$W_1 = \frac{K_e U_{\text{ph}}}{4.44 k_{\text{dp}} f \Phi}$$

式中：W_1 为每相串联匝数，匝；K_e 为降压系数（又称电动势系数），小型电动机取 0.86，中型电动机取 0.90，大型电动机取 0.91；U_{ph} 为相电压，V；k_{dP} 为绕组系数；f 为电源频率，Hz；Φ 为每极气隙磁通，Wb。

2. 每极磁通

$$\Phi = \frac{B_\delta D_1 l}{p}$$

式中：Φ 为每极磁通，Wb。B_δ 为气隙磁通密度，T。应根据电动机的具体情况选取该值，当铁芯材料差、气隙大、极数少时应取小值。另外，可根据电动机工作是否间歇、短时，以及通风冷却条件等情况适当调整，参见表 3-1。D_1 为定子内径，cm。p 为电动机极对数。l 为定子铁芯长度，cm。

表 3-1 三相异步电动机的气隙磁通密度

结构形式	极数			
	2	4	6	8
开启式	0.60～0.75	0.70～0.80	0.70～0.80	—
封闭式	0.50～0.65	0.60～0.70	0.60～0.75	
Y 系列	Y(IP44)			Y(IP23)
	H80～112	H132～160	H180 以上	
	0.60～0.73	0.59～0.75	0.75～0.80	0.73～0.86

定子、转子铁芯间的气隙应符合表 3-2 中的规定，也可以用以下经验公式计算，即

$$\delta \approx 3(4 + 0.7\sqrt{D_1 l}) \times 10^{-2}$$

式中：δ 为定子、转子铁芯间的气隙，mm。

表 3-2 三相异步电动机的气隙 （mm）

极数 \ 功率/kW	0.2 以下	0.2～1.0	1.0～2.5	2.5～5	5～10	10～20	20～50	50～100	100～200	200～300	300～500
2	0.25	0.3	0.35	0.4	0.5	0.65	0.8	1.0	1.25	1.5	2.0
4、6、8	0.2	0.25	0.3	0.35	0.4	0.45	0.5	0.65	0.8	1.0	1.5

若气隙过大，应降低 B_δ 值，以保证电动机的空载电流不致过大，功率因数不致过低。

3. 绕组系数 k_{dp}

（1）分布系数 k_{dl}。k_{dl} 是由于一个极相组的各个线圈分嵌在不同槽内引起的，k_{dl} 的大小和每极每相槽数 q 有关。q 越大，k_{dl} 越小。当 $q > 6$ 时，k_{dl} 趋于一个常数。k_{dl} 的值可由表 3-3 查得。

表 3-3 分布系数 k_{dl}

每极每相槽数 q	1	2	3	4	5	6	7 及以上
分布系数 k_{dl}	1.0	0.966	0.960	0.958	0.957	0.956	0.956

（2）短距系数 k_{pl}。双层绕组的线圈都采用短距，其节距 y 小于极距 τ。y 越小，k_{pl} 也越小。k_{pl} 可由表 3-4 查得。

表 3-4　　　　　　　　　　　　　　短距系数 k_{pl}

节距 y	每极槽数												
	24	18	16	15	14	13	12	11	10	9	8	7	6
1~25	1.000												
1~24	0.998												
1~23	0.991												
1~22	0.981												
1~21	0.966												
1~20	0.947												
1~19	0.924	1.000											
1~18	0.897	0.996											
1~17	0.866	0.985	1.000										
1~16	0.832	0.966	0.995	1.000									
1~15	0.793	0.940	0.981	0.995	1.000								
1~14	0.752	0.906	0.956	0.978	0.994	1.000							
1~13	0.707	0.866	0.924	0.951	0.975	0.993	1.000						
1~12		0.819	0.882	0.914	0.944	0.971	0.991	1.000					
1~11		0.766	0.831	0.866	0.901	0.935	0.966	0.990	1.000				
1~10		0.707	0.773	0.809	0.847	0.884	0.924	0.960	0.988	1.000			
1~9			0.707	0.743	0.782	0.833	0.866	0.910	0.951	0.985	1.000		
1~8				0.669	0.707	0.749	0.793	0.841	0.891	0.940	0.981	1.000	
1~7						0.663	0.707	0.756	0.809	0.866	0.924	0.975	1.000
1~6								0.655	0.707	0.766	0.832	0.901	0.966
1~5										0.643	0.707	0.782	0.866
1~4												0.624	0.707

（3）绕组系数 k_{dp}。其表达式为 $k_{dp}=k_{dl}k_{pl}$。对于单层绕组，当采用整距绕组时，$k_{pl}=1$，故 $k_{dp}=k_{dl}$。

4. 每相串联导线根数 N_1

$$N_1=\frac{K_e U_{ph} P\times10^4}{2.22 k_{dp} f B_\delta D_1 l}$$

5. 每槽导线根数

每槽导线根数 N 与每相串联导线根数 N_1 之间的关系为

$$N_1=\frac{N}{ma}$$

经推算，得

$$N=\frac{K_e U_{ph} Pma\times10^4}{2.22 k_{dp} f B_\delta D_1 lz}$$

将 $f=50\mathrm{Hz}$，$m=3$（三相异步电动机）代入上式，得

$$N = \frac{K_e U_{ph} P a \times 10^4}{37 k_{dp} B_\delta D_1 lz}$$

式中：a 为电动机绕组并联支路数。

6. 每个线圈的匝数 W_y

（1）双层绕组：由于每一槽中有上、下两个线圈边，因此 $W_y = N/2$。整个电动机绕组的线圈总数等于槽数 z，每相线圈数为 $z/3$。

（2）单层绕组：$W_y = z$。整个电动机绕组的线圈总数等于 $z/2$，每相线圈数为 $z/6$。

按以上公式求得的线圈匝数，在电动机气隙正常的情况下才适用。若气隙不在规定范围内，则需适当增加线圈匝数以减小空载电流，使电动机的性能满足要求。

（二）导线截面积的选择

1. 根据电动机额定功率选择导线截面积

（1）根据估算出的额定功率 P_N，求出额定电流：

$$I_N = \frac{P_N \times 10^3}{\sqrt{3} U_N \eta \cos\varphi}$$

式中：I_N 为电动机额定电流，A；U_N 为电源额定线电压，V。

电动机绕组的相电流 I_{ph} 的计算方法如下：星形连接时，$I_{ph} = I_N$；三角形连接时，$I_{ph} = I_N/\sqrt{3}$。

（2）求出定子导线截面积。

$$q_1 = \frac{I_{ph}}{anj}$$

式中：q_1 为定子导线截面积，mm^2；a 为并联支路数；n 为导线并联根数；j 为定子电流密度，A/mm^2，铜导线一般可按表 3-5 选取，或参照相近规格的电动机技术数据。

表 3-5　　　　　　　　中小型电动机定子电流密度 j　　　　　　　　（A/mm^2）

结构形式	极数 2	4、6	8
密封式	4.0～4.5	4.5～5.5	4.0～5.0
开启式	5.0～6.0	5.5～6.5	5.0～6.0

（3）导线截面积的选择原则。当导线直径过小时，绕组电阻将增加 5% 以上，从而影响电动机的电气性能；当导线截面积过大时，漆包线的绝缘厚度过大，则会导致嵌线困难。常用聚酯漆包线的绝缘厚度见表 3-6。

表 3-6　　　　　　　　常用聚酯漆包线的绝缘厚度

圆导线直径/mm	绝缘厚度/mm	圆导线直径/mm	绝缘厚度/mm
0.2～0.33	0.05	0.64～0.72	0.08
0.35～0.49	0.06	0.74～0.96	0.09
0.51～0.62	0.07	1.00～1.74	0.11

为了使嵌线顺利、槽利用率高，绕组的导线直径不宜超过 1.68mm。但若导线过细，机械强度就较差，嵌线时容易拉断。一般对于 5 号机座以下的电动机，单根导线的直径最好不

超过 1.25mm；对于 6～9 号机座的电动机，单根导线的直径最好不超过 1.68mm。导线并联根数 n 最好不超过 4 根。若所需导线总的截面积过大，则可增加电动机并联支路数 a。

确定导线线规后，还应校验槽满率 F_k。校验槽满率的方法如下：把实际槽形描印下来进行测量，如图 3-2 所示。槽楔厚度 h 可根据拆下的实物量取，一般为 2～4mm。

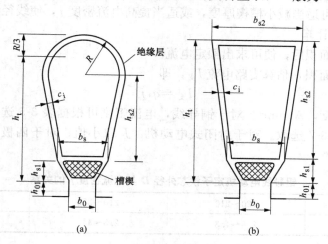

图 3-2　槽尺寸

（a）圆底槽；（b）平底槽

R—定子槽底半径；h_{01}—槽口高度；h_{s1}—槽楔高度；h_{s2}—定子槽齿平行部分高度；
h_t—槽深；b_0—定子槽宽度；b_s—定子顶部宽度；b_{s2}—定子槽底宽度

槽内导线总面积（槽有效面积）为

$$S_{ux}=S_s-S_i$$

式中：S_s 为槽面积，mm^2；S_i 为槽绝缘占的面积，mm^2。

对于图 3-3（a）所示的圆底槽，有

$$S_s=\frac{2R+b_s}{2}(h_{s1}+h_{s2}-h)+\frac{\pi R^2}{2}$$

单层绕组 $S_i=C_i[2(h_{s1}+h_{s2})+\pi R+b_s]$

双层绕组 $S_i=C_i[2(h_{s1}+h_{s2})+\pi R++2R+b_s]$

对于图 3-3（b）所示的平底槽，有

$$S_s=\frac{b_{s1}+b_{s2}}{2}(h_{s1}+h_{s2}-h)$$

单层绕组 $S_i=C_i[2(h_{s1}+h_{s2})+b_{s1}+b_{s2}]$

双层绕组 $S_i=C_i[2(h_{s1}+h_{s2})+b_{s1}+2b_{s2}]$

式中：h 为槽楔厚度，一般取 2～4mm。C_i 为槽绝缘材料的厚度，mm。可按电动机的工作电压和绝缘等级来确定，或按下面数值估计。A 级绝缘：$C_i=0.35～0.45$mm。B 级绝缘：$C_i=0.44～0.50$mm。E 级绝缘：1～2 号机座，$C_i=0.22$mm；3～5 号机座，$C_i=0.27$mm；6～9 号机座，$C_i=0.42$mm。

槽满率为

$$F_k=\frac{nNd^2}{S_{ux}}$$

式中：n 为导线并联根数；N 为每槽导线根数；d 为绝缘导线外径，mm；S_{ux} 为槽有效面积。

槽满率是表示导线在槽内填充程度的重要指标。F_k 应控制在 $0.60\sim0.75$ 范围内。对于小型异步电动机，$F_k=0.75\sim0.80$。若槽满率过高，则会使嵌线困难，容易损伤绝缘层。为了降低槽满率，可适当减小槽楔厚度，或适当提高电流密度 j，使线径细一些。

2. 额定电流的计算

计算出导线截面积后，便可求出额定电流。

先根据导线截面积 q 估算支路电流 $I_支$，即

$$I_支 = q_1 j$$

式中：J 为电流密度，A/mm^2。对于铜导线，电流密度可根据表 3-5 选取电流密度；对于铝导线，可根据表 3-7 选取。对于封闭式电动机，J 取小值；对于四极以上电动机，J 取大值。

表 3-7　　　　　铝导线电动机定子铁芯外径 D 与电流密度 j 的关系

定子铁芯外径 D/mm	$120\sim210$	$210\sim350$	$350\sim500$
电流密度 j/(A/mm²)	$2.6\sim4.3$	$2.8\sim4.0$	$2.2\sim3.3$

额定相电流 I_{ph} 为

$$I_{ph} = I_a = qja$$

式中：a 为并联支路数，见表 3-8，或按 $2p/a$ 必须是整数来选取。

表 3-8　　　　　　　　并联支路数 a 与极数 $2p$ 的关系

极数 $2p$	2	4	6	8	10	12
并联支路数 a	1、(2)	1、2、(4)	1、2、3、(6)	1、2、4、(8)	1、2、5、(10)	1、2、3、4、6、(12)

电动机额定电流 I_N 如下：

(1) 星形连接：$I_N = I_{ph}$。

(2) 三角形连接：$I_N = \sqrt{3}\, I_{ph}$。

第二节　笼型电动机定子绕组展开图

一、三相单层绕组及展开图分析

1. 三相单层绕组的安排原则与展开图

现以三相四极 24 槽等元件式单层整距绕组为例来说明，可按下列原则和步骤画出其接线展开图。

(1) 各绕组在每个磁极下应均匀分布，以便使磁场对称。

1) 分极：按定子槽数画出定子槽，并编上序号。按磁极数 $2p$ 等分定子槽，磁极按 S、N、S、N、…的顺序交错排列，如图 3-3 所示。

该例中 $z=24$，$2p=4$，相数 $m=3$，故

$$每极槽数 = z/2p = 24/4 = 6(槽)$$

2) 分相。每个磁极下的槽数均匀分成三个相带，每个相带占 60°电角度，每极每相槽

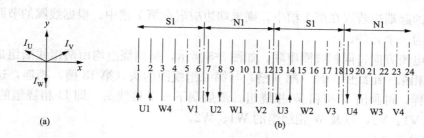

图 3-3　槽的分极及分相

（a）U、V、W 三相电流空间分布情况；（b）4 极电机定子槽分布情况

数为

$$q = z/2pm = 24/(2 \times 2 \times 3) = 2（槽）$$

（2）画出各相绕组的电源引出线。绕组的起端或末端应彼此间隔 120° 电角度，图 3-4 中 U1、V1、W1 之间或 U2、V2、W2 之间各相隔 120° 电角度。每槽所占电角度 α 为

$$\alpha = 2\pi p/z = 360° \times 2/24 = 30°$$

若 U 相的起端 U1 在第 1 槽，则 V 相的起端 V1 应在第 5 槽，W 相的起端 W1 应在第 9 槽。由于每极每相槽数为 2，因此 U 相在各极相带的槽号是 1、2、7、8、13、14、19、20，V 相在各极相带的槽号是 5、6、11、12、17、18、23、24，W 相在各极相带的槽号是 9、10、15、16、21、22、3、4。可以看出，在每个磁极下三相绕组的排列顺序是 U、W、V，如图 3-4 所示。

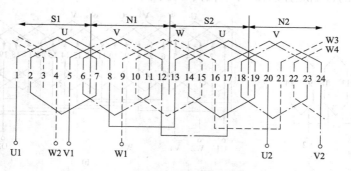

图 3-4　三相等元件式单层整距绕组展开图

（3）标出电流方向。同一相绕组的各个有效边在同一磁极下的电流方向应相同，而在相异磁极下的电流方向应相反，如图 3-3（b）所示。此时应注意：

1）U、V、W 对应相带（U1、V1、W1、U2、V2、W2 等）均应间隔 120°。

2）在同一个磁极下各相带槽中电流的方向相同。

（4）确定绕组形式。绕组可分为单层绕组和双层绕组。单层绕组元件总数为定子槽数的一半。按节距的不同，单层绕组又可分为链式绕组、交叉链式绕组、同心式绕组和等元件式整距绕组等。双层绕组元件总数等于定子槽数。按元件的样式分布的不同，双层绕组又可分为叠绕组和波绕组。

（5）确定线圈节距 y。采用等元件式单层整距绕组，其节距为

$$y = \tau = z/2p = 24/4 = 6（1 \sim 7 槽）$$

即一个元件的起端边若嵌在第1槽中，则末端边应嵌在第7槽中。根据线圈的节距，即可将两有效边连为一个元件。

（6）沿电流方向将同相线圈串联。如图3-5所示，每相绕组均由两组线圈组成，顺着电流方向，U相第一组线圈的尾（第8槽）与第二组线圈的头（第13槽）相连，这就连成U相绕组。同样，可画出V相和W相绕组。最后剩下6个接线头，即U相绕组的U1、U2，V相绕组的V1、V2，以及W相绕组的W1、W2。

2. 三相单层绕组的分类

三相单层绕组可分为链式绕组、交叉链式绕组和三相单层同心式绕组。

（1）链式绕组。链式绕组是由相同节距的线圈组成的，线圈连接形状像链子一样一环连着一环。

例如，一台三相四极24槽异步电动机展开图的绘制步骤如下：

1）求出每极槽数（极距）τ、每极每相槽数（相带）q，即

$$\tau = z/2p = 24/4 = 6（槽）$$
$$q = z/2pm = 24/12 = 2（槽）$$

所以，节距 $y=5$ 槽（取 $y=5/6\tau$）。

2）画出各相绕组的引出线。各相绕组首端U、V、W和尾端X、Y、Z应相差120°电角度。每槽所占电角度为30°，每相相差的槽数为120/30，即4槽。三相绕组的排列顺序为U、V、W。根据以上原则可以得出U相绕组由1-6、7-12、13-18和19-24四个线圈组成。而V、W相绕组的首端应分别在5、9槽内，如图3-5所示。

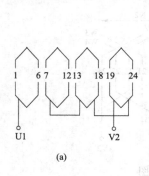
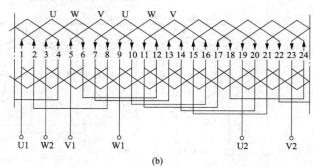

图 3-5 三相四极链式绕组展开图
(a) U相；(b) 三相绕组

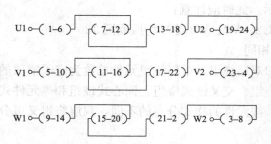

图 3-6 三相绕组的连接方式

3）假定电流方向。各相各槽按图3-5所示方法标明电流方向。

4）连接端部，形成链式绕组。如图3-5所示，U相的四个线圈应分布在四个极，并交替为N、S、N、S…排列。因此，根据电流方向应为反串联。根据以上原则，画出三相绕组的连接方式，如图3-6所示。

（2）交叉链式绕组。电动机每对磁极下有两组大节距线圈和一组小节距线圈。采用不等距线圈连接而成的绕组称为交叉链式绕组。

例如，一台三相四极 36 槽异步电动机展开图的绘制步骤如下：

1）求出每极槽数 τ 和每极每相槽数 q，即

$$\tau = z/2p = 36/4 = 9（槽）$$
$$q = z/2pm = 3（槽）$$

确定节距，大节距 $y_1 = 8$，小节距 $y_2 = 7$。

2）求出每槽电角度 α，假定电流方向：

$$\alpha = 2\pi p/z = 360° \times 2/36 = 20°$$

各相应相隔 6 槽，每极 9 槽。由此可知，36～8 槽电流向上，9～17 槽电流向下，18～26 槽电流向上，27～35 槽电流向下。根据电流方向连接各线圈端部接线。如以第 1 槽为 U 相首端，根据上述原则，可画出 U 相绕组的连接图，如图 3-8 所示。

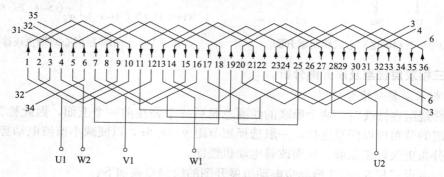

图 3-7　三相交叉链式绕组展开图

3）连接三相绕组。各相首端间隔持 120°电角度，即 6 槽。因此，V、W 相首端应分别在第 7 槽和第 13 槽。每对磁极下均有两组大节距线圈和一组小节距线圈，这既保持了电磁平衡，又实现了短节距要求。连接情况如图 3-7 所示。

交叉链式绕组具有端部线圈连线短的优点，可以节约铜线。

（3）三相单层同心式绕组。同心式绕组的线圈布置如图3-8 所示。由于线圈的轴线是同心的，因此每个线圈具有不同的节距。

例如，一台三相两极 24 槽异步电动机展开图的绘制步骤如下：

1）求出每极槽数 τ 和每极每相槽数 q，即

$$\tau = z/2p = 24/2 = 12（槽）$$
$$q = z/2pm = 4（槽）$$

2）求出每槽电角度 α，画出各相首端：

$$\alpha = 2\pi p/z = 360° \times 1/24 = 15°$$

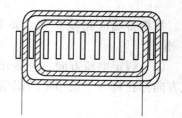

图 3-8　同心式绕组的线圈布置

各相首端应相差 120°电角度，各相相隔槽数为 120/15＝8（槽）。这时，如 U 相首端在第 1 槽，则 V、W 相首端应分别在第 9 槽和第 17 槽。

3）确定线圈节距，连接三相绕组。为了使每个线圈获得尽可能大的电动势，大线圈节距取 12，小线圈节距取 10。如 U 相首端在第 1 槽，该线圈的另一有效边应在第 12 槽，小线圈为 2、11 槽。根据以上原则，就可以知道 U 相绕组的槽号为 1、2、11、12、13、14、23、

24，V相绕组的槽号为7、8、9、10、19、20、21、22，W相绕组的槽号为3、4、5、6、15、16、17、18。其绕组展开图如图3-9所示，连接方式如图3-10所示。

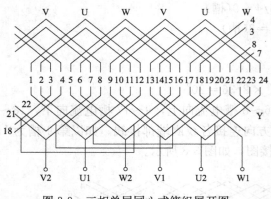 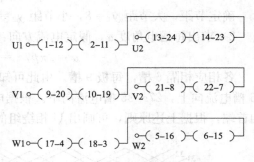

图3-9　三相单层同心式绕组展开图　　　　　图3-10　三相单层同心式绕组连接方式

二、三相双层绕组及展开图分析

1. 三相双层整数槽叠绕组

双层叠绕组在嵌线时，两个串联的线圈总是后一个叠在前一个上面，因此称为叠绕组。双层叠绕组的节距可以任意选择，一般选择短节距 $y=5/6\tau$，以便减小谐波电动势，使电动机的磁场分布更接近正弦波，从而改善电动机性能。

例如，一台三相四极36槽异步电动机展开图的绘制步骤如下：

（1）求出每极槽数 τ 和每极每相槽数 q，即

$$\tau=z/2p=36/4=9(\text{槽})$$
$$q=z/2pm=3(\text{槽})$$

确定节距，取 $y=5/6\tau=7.5$，因此可取 $y=7$ 或 $y=8$，本例取 $y=7$。

（2）求出每槽电角度 α，画出各相首端：

$$\alpha=2\pi p/z=360°\times2/36=20°$$

每相首端应相差6槽。如U相首端在第1槽，则V、W相首端应分别在第7槽和第13槽。

（3）假定电流方向。将展开图的36个槽分为4个极（$2p=4$），即N、S、N、S。将电流方向标在每一个极相带的绕组边上，如图3-11所示。

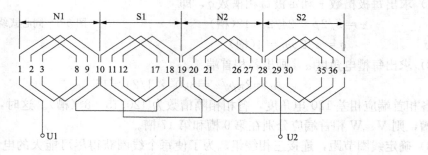

图3-11　三相双层整数槽叠绕组展开图（U相）

（4）连接端部接线。如图 3-11 所示，将 U 相首端连接在 1 号线槽上层，第 1 个线圈的另一个有效边则在 8 号线槽的下层。因为每极每相槽数为 3，所以 U 相应占有 1、2、3 号槽的面槽及 8、9、10 号槽的下层。以此类推，可画出 U 相绕组的展开图。

由于各相首端互差 120°电角度，因此 V1、W1 相首端分别在第 7 槽和第 13 槽，尾端（V2、W2）分别在第 34 槽和第 4 槽。

U 相绕组连接方式如图 3-12 所示（有两种不同连接方式）。

并联支路数最大等于 2p，即支路数 a 最大可能等于每相的极组组数，但必须是 a 的整倍数。

由于展开图的绘制比较麻烦，实际工作中往往使用端部接线图，如图 3-13 所示。

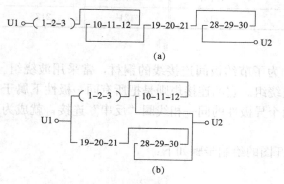

图 3-12　U 相两种支路连接方式
（a）单支路连接；（b）双支路连接

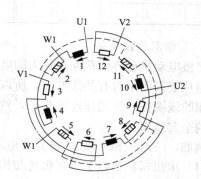

图 3-13　定子绕组端部接线图

端部接线图的作图方法如下：

（1）按极相组总数将定子圆周等分，本例中有 2pm（2×2×3＝12）个极相组。

（2）根据 60°相带分配原则，按顺序给极相组编号。U 相绕组由 1、4、7、10 号极相组构成，V 相由 3、6、9、12 号极相组构成，W 相由 2、5、8、11 号极相组构成。

（3）三相绕组首端（或尾端）之间应相差 120°电角度。若 U 相首端为 1 号极相组的头，则 V、W 相首端应分别为 3、5 号极相组的头。

（4）根据各极相组之间采用"反串联"连接方式的规则，连接各极相组。相邻极相组电流的方向相反，用箭头表示。再按电流方向将各极相组引出线连接起来，就构成了三相绕组端部接线图。

2. 三相分数槽双层叠绕组

在有些容量较大或多速异步电动机中，定子绕组每极每相槽数 q 不为整数而为分数，称为分数槽绕组。这种绕组在排列上必然是某些磁极下线圈多一些，某些磁极下线圈少一些，这样就形成了不均匀组。对于分数槽绕组，不能按照前面介绍的关于整数槽绕组的规律来排列和连接。这种绕组的分布及连接应符合以下基本要求：

（1）三相绕组必须含有相同的线圈数。

（2）各相首端和尾端应互差 120°电角度。

（3）线圈多的极相组和线圈少的极相组应布置在对称位置，使电磁力矩平衡，以减少电动机的磁性振动。

例如，一台三相 6 极 27 槽异步电动机，其绕组安排如下：

$$每极每相槽数\ q=z/2pm=27/(6×3)=3/2$$

$$每相线圈数=z/m=27/3=9$$

每个极相组中含有 9/6 个线圈，因此只能使其中三个极相组各用两个线圈，另外三个极相组各安设一个线圈。同时为了使电磁力矩平衡，应使线圈多的极相组和线圈少的极相组对称分布。于是，就可以得出表 3-9 所示的分配方法。

表 3-9 　　　　　　　　　　三相分数槽双层叠绕组线圈分配方法

磁极	S	N	S	N	S	N
极相组	UVW	UVW	UVW	UVW	UVW	UVW
槽号	121	212	121	212	121	212

3. 三相双层波绕组

多极电动机或导线截面积较大的电动机，为了节约极间连接线的铜材，常采用波绕组。波绕组从展开图来看有些像波浪，所以称为波绕组。它的连接规则是把所有同一极性下属于同一相的线圈按一定规律连接起来，然后将两个异极性的同一相线圈"反串"连接，就成为一相的全部绕组。

例如，一台三相 4 极 24 槽异步电动机展开图的绘制步骤如下：

（1）求出每极槽数 τ 和每极每相槽数 q

$$\tau=z/2p=24/4=6（槽）$$

$$q=z/2pm=2（槽）$$

确定节距，取 $y=5/6\tau=5$。

（2）求出每槽电角度 α

$$\alpha=2\pi p/z=360°×2/24=30°$$

即各相首端及尾端应相隔 4 槽。

（3）列表标明各极相组的分配，见表 3-10。

表 3-10 　　　　　　　　　　三相双层波绕组分配方法

磁极	N1			S1			N2			S2		
极相组	U	W	V	U	W	V	U	W	V	U	W	V
槽号	1、2	3、4	5、6	7、8	9、10	11、12	13、14	15、16	17、18	19、20	21、22	23、24

（4）由表 3-10 可知，N1 下 U 相极相组包含 1、2 号槽，按节距 $y=5$，将 U 相两个线圈连接起来，如图 3-14 所示。也就是说，将第一个线圈（1-6）与 N2 下第二个线圈（13-18）连接起来。这两个线圈上层边（或下层边）之间相隔 12 槽，这个距离称为线圈的合成节距，用符号 Y_1 表示，$Y_1=2\tau$。在整数槽绕组中，合成节距 Y_1 应加长一槽（或缩短一槽）。因为如果始终保持 2τ 节距，则（13-18）线圈就和 1 号槽连接而形成一个闭合回路。因此，本例中采用（$2\tau+1$）的综合节距，使（13-18）线圈和 2 号槽连接。按这一原则，将 N1、N2 下的 U 相线圈全部连接起来形成以下顺序：

$$u_1—(1-6)\rightarrow(13-18)\rightarrow(2-7)\rightarrow(14-19)\rightarrow x_1$$

括号内代表一个线圈，前一个数字代表上层有效边的槽号，后一个数字代表下层边所在的槽

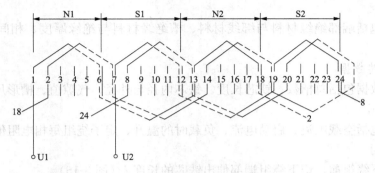

图 3-14　双层波绕组 U 相展开图

号。用同样方法，就可以写出 S 极下 U 相线圈的连接顺序：

$$u_2 —(7\text{-}12) \rightarrow (19\text{-}24) \rightarrow (8\text{-}13) \rightarrow (20\text{-}1) \rightarrow x_2$$

再运用"反串"原则将 N 极与 S 极下的 U 相线圈连接起来，就构成了 U 相全部绕组，即

$$U1—u_1(1\text{-}6) \rightarrow (13\text{-}18) \rightarrow (2\text{-}7) \rightarrow (14\text{-}19) \rightarrow x_1 \rceil$$

$$U2—u_2(7\text{-}12) \leftarrow (19\text{-}24) \leftarrow (8\text{-}13) \leftarrow (20\text{-}1) \leftarrow x_2 \rfloor$$

同理可得 V、W 相全部绕组的连接顺序：

$$V1—v_1(5\text{-}10) \rightarrow (17\text{-}22) \rightarrow (6\text{-}11) \rightarrow (18\text{-}23) \rightarrow y_1 \rceil$$

$$V2—v_2(11\text{-}16) \leftarrow (23\text{-}4) \leftarrow (12\text{-}17) \leftarrow (24\text{-}5) \leftarrow y_2 \rfloor$$

$$W1—w_1(9\text{-}14) \rightarrow (21\text{-}2) \rightarrow (10\text{-}15) \rightarrow (22\text{-}3) \rightarrow x_1 \rceil$$

$$W2—w_2(15\text{-}20) \leftarrow (3\text{-}8) \leftarrow (16\text{-}21) \leftarrow (4\text{-}9) \leftarrow x_2 \rfloor$$

波绕组在绕线型异步电动机转子上应用较广泛。它也可做成分数槽绕组，其连接规则和分数槽叠绕组类似。

第三节　笼型电动机定子绕组重绕更换

笼型电动机的定子绕组是一个比较脆弱、经常发生故障的部分。当定子绕组的故障较为严重，采用局部修理的方法已无济于事时，就需要全部拆掉电动机的旧绕组，并重新嵌放新绕组。拆换绕组的工作可按下列步骤进行：记录铭牌和原有数据、拆除旧绕组、制作绕线模和绕制线圈、下线、接线和引线制作。

一、记录铭牌和原有数据

在拆电动机的旧绕组时，必须记录以下项目及数据，作为制作绕线模、选用线规、绕制线圈和下线等的依据。否则，会给绕组的重换工作带来困难。

1. 铭牌数据

铭牌数据主要包括电动机的型号、功率、转速、绝缘等级、电压、电流和接法等。

2. 绕组数据

绕组数据包括导线规格、每槽匝数、线圈节距、并联支路数、导线类别、并绕根数、线圈形式和线圈匝数。

3. 绝缘情况

绝缘情况包括端部绝缘材料与绑线材料、槽绝缘材料与绝缘厚度、相间绝缘材料与尺寸、槽楔尺寸。

4. 定子铁芯数据

定子铁芯数据包括总槽数、铁芯长度、铁芯内径与外径、气隙值、槽形尺寸（图3-15）。

5. 运行数据

运行数据包括空载电流、启动电流、负载时的温升、定子绕组每相电阻值和空载损耗。

6. 线圈尺寸

（1）在拆下绕组前，记下绕组端部伸出铁芯的长度 l（图3-16）。

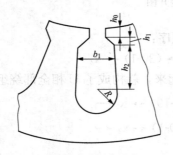 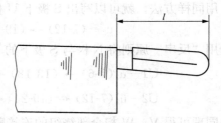

图3-15　槽形尺寸　　　　　　　图3-16　绕组端部伸出铁芯的长度

（2）根据线圈形式，记下所需尺寸。图3-17所示为四种常用的线圈形式。

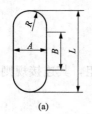 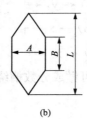 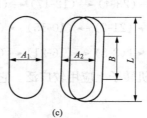 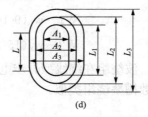

　　(a)　　　　　　　(b)　　　　　　　(c)　　　　　　　(d)

图3-17　常用的线圈型式

（a）单层链式；（b）双层叠式；（c）单层交叉链式；（d）单层同心式

A—线圈宽度；B—有效边长度；L—线圈总长度；R—短接部分半径

（3）称出所拆下的旧线圈全部质量（kg）。

如果双层绕组每极每相槽数是分数，要记下每极相组线圈的排列次序。

二、拆除旧绕组

拆除电动机的旧绕组时，需要细心，不但要弄清楚线圈的数据，而且尽量保持导线的完整，以利旧线的重新回用。一般绕组可在冷状态下拆除，但绕组经过浸漆和烘干，固化在一起，坚硬而不易拆下。拆卸时，应首先将绝缘软化，以方便拆线。为了保证电动机的检修质量，一般不应把定子放在火中烧烤，因为这样不仅会破坏硅钢片间的绝缘，而且本身性能也会发生变化，致使涡流增大、铁芯松弛变形等，保证不了电动机的原有质量。

常用的拆卸方法有冷拆法和通电加热法。

1. 冷拆法

首先用刀片（用废锯条磨成）把槽楔从中间破开后取出。若为开口槽，则很容易将线圈一次或逐次取出；如为闭口槽或半闭口槽，只好用斜口钳把绕组一端的端接部分逐根剪断，在另一端用钳子把导线逐根从槽中抽出。在取出旧导线时，应按顺序逐一拉出，勿用力过猛或多根并拉，以免损坏槽口。

为保持导线的完整，尤其是对于铜绞线，必须注意熔断焊接头，并用扁锉锉平，使之容易通过槽口。

2. 通电加热法

通电加热法是用调压器或电焊机次级对定子绕组接入低压大电流（最大可为绕组额定电流的三倍），利用绕组铜损耗产生的热量，给绕组加热。根据电源设备的情况，三相绕组可以同时通电，也可以一相绕组、一个极相组或单个线圈分别通电。

通电加热的接线方式有以下几种：

（1）如果是 380V 三角形连接的小型电动机，可改成星形连接，间断通入 380V 电源加热。

（2）用三相调压器接入约 50％的额定电压，间断通电加热。

（3）把电动机绕组接成开口三角形，间断通入 220V 单相交流电加热。

（4）如果电源容量不够，可用单相的降压变压器，或用交流电焊机次级，对一组或一个线圈加热。

对绕组通电加热，当绝缘软化后，要在热状态下迅速拆除旧绕组。拆除绕组的步骤是：在查清绕组的并联路数后，翻起一个跨距内的上层边，翻起的高度以不妨碍下层边的拆出为止，然后逐个拆除线圈。拆除时，应保留一个完整的线圈，以便制作绕线模或绕制新线圈时参考。

旧绕组拆完后，应对铁芯进行全面清理，要将槽内的残余绝缘物、锈斑和毛刺清除干净，修正槽形，用皮老虎或压缩空气吹净。然后对铁芯进行仔细检查，若对铁芯有怀疑，应做铁芯发热试验。确认无问题后，用刷子或喷漆器将铁芯槽内外涂上清漆。

三、制作绕线模与绕制线圈

1. 制作绕线模

在重新绕制新绕组前，应依据旧绕组绕圈形状和尺寸或需要变动的绕组节距来制作绕线模。绕线模尺寸做得是否合适，对电动机的重换绕组工作能否顺利进行起着决定性作用。新绕制的绕组尺寸既不能太短也不可太长，太短将会使嵌线工作有困难，严重时甚至线圈无法嵌下去；过长则不仅浪费铜线，还会使绕组电阻和端部漏抗增大，导致电动机电气性能变坏，并且还可能因线圈端部过长碰触端盖而引起新绕组的接地、短路等故障。因此，绕线模的尺寸一定要做得比较准确和正规，最好在拆除旧绕组的过程中有意选择保留一个形状较完整的线圈，可依据该线圈的尺寸制作绕线模。通常按所修电动机的旧绕组尺寸做出的绕线模是较为可靠的。但是，若该电动机早已经过重换绕组的大修，铁芯槽中嵌置的已不是制造厂的原装绕组，此时，在拆除旧绕组前应仔细察看该绕组的各部分尺寸是否合理，要酌情做出更改和调整后再制作绕线模。

如果没有形状完整的旧线圈做参考，则需经过计算来重新设计绕线模。经重新设计制作的绕线模，在绕出第一个线圈后仍应进行试嵌，以检查察看线圈各部分尺寸是否符合要求。如有不合适之处，则应对绕线模予以修改和调整，直至所绕线圈完全合适时才开始正式绕制全部的线圈，不然将会造成导线材料的损失。

绕线模一般由模芯和夹板组成，图 3-18 所示为双层叠绕组的绕线模。从图 3-18 中可以看出，模芯是绕线模最重要的部分，它决定所绕线圈的长、短、宽、窄及全部尺寸。所以，对绕线模模芯尺寸的确定应十分细心和慎重。如果自己有确定模芯的实际经验，则可根据电动机的绕组形式在铁芯上用一根导线弯成模芯样板，以它作为制作绕线模的参考。绕线模的模芯尺寸如图 3-19 所示，其计算如下所述。

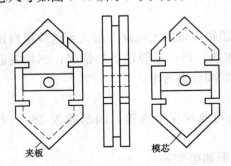

图 3-18 双层叠绕组绕线模

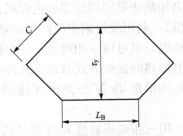

图 3-19 绕线模的模芯尺寸

模芯宽度：

$$\tau_{\mathrm{y}} = \frac{\pi(D_{\mathrm{i}} + h_{\mathrm{s}})}{Z_1} Y_1 \,(\mathrm{mm})$$

式中：D_{i} 为定子铁芯内径，mm；Z_1 为定子铁芯槽数；Y_1 为用槽数表示的节距；h_{s} 为定子槽高，mm。

模芯直线部分的长度：

$$L_{\mathrm{B}} = l + 2d \,(\mathrm{mm})$$

式中：l 为定子铁芯长度，mm；d 为线圈直线部分两端伸出铁芯的长度，一般取 $d=5\sim15\mathrm{mm}$，功率大的取大值。

模芯端部的长度：

$$2C = k\tau_{\mathrm{y}} \,(\mathrm{mm})$$

式中：k 为系数，电动机时取 $k=1.2\sim1.25$，4 极时取 $k=1.25\sim1.3$；τ_{y} 为模芯宽度。

模芯厚度：

$$H = d_{\mathrm{i}} \sqrt{N}$$

式中：d_{i} 为绝缘导线直径，mm；N 为一个线圈的导线数。

绕线模的夹板尺寸则以周边高出模芯 10～15mm 为宜。模芯制成后一般均在其轴心处倾斜地锯开，半块模芯固定于上夹板，而另半块模芯则固定在下夹板，这种结构易于脱模和取出绕好的线圈，具体结构可参考图 3-18。绕线模一般均用干燥的硬本制作，因为它不易变形，且易于加工制作。绕线模可以根据电动机绕组每极相组的线圈数来做模板，由于线圈可以中间不剪断而一次连续绕成，因此就避免了线圈间许多不必要的连接，从而提高了电动机的运行可靠性。

2. 绕制线圈

绕线前，用游标卡尺或千分尺检查导线直径和导线绝缘层厚度是否符合要求。常用圆导线公差和绝缘厚度见表 3-11 和表 3-12。

表 3-11 　　　　　　　　　　　常用圆导线公差　　　　　　　　　　　（mm）

导线直径	0.27～0.69	0.72～1.0	1.04～1.62
公差	±0.01	±0.015	±0.02

表 3-12 　　　　　　　　　　常用聚酯漆包线的绝缘厚度　　　　　　　（mm）

导线直径	绝缘厚度	导线直径	绝缘厚度
0.27～0.33	0.05	0.64～0.72	0.08
0.35～0.49	0.06	0.74～0.96	0.09
0.51～0.62	0.07	1.00～1.74	0.11

当导线直径超出表 3-11 的公差时，会使绕组电阻值变化，从而影响电动机的电气性能。当导线的绝缘层厚度超过表 3-12 的值时，会造成嵌线困难。要特别注意导线的漆皮应均匀光滑，没有剥落现象。此外，还要检查绝缘导线的软硬程度，太硬的导线不宜绕制电动机线圈。在使用单根导线时，最大线径一般不应超过 1.68mm。导线太粗，不但下线困难，而且槽空间利用率不高。当电动机额定电流过大时，可采用几根较细导线并绕。然而，导线也不宜过细，过细的导线机械强度太差，容易被拉断。

绕线时，将绕线模装到手摇绕线机的主轴上，并用紧固螺栓把线模的两侧夹板夹紧。导线线轴放在线架上，应能灵活转动，并与绕线机保持一定的距离。当导线通过夹板进入线模时，导线用手适当拉紧，拉力应根据导线的粗细进行调整，拉力不要过大。当导线直径大于 1mm，或多根导线并绕时，应使导线在线模中按顺序排列，要排列整齐，层次分明。若导线交叉不齐，不但嵌线困难，而且容易造成匝间短路。使导线通过浸有石蜡的毛毡，导线不但能平直无曲折，而且容易压紧。绕第一匝前要将绑扎带把漆包线压入绕线模夹板的扎线槽，以便线圈绕完后的绑扎。绕线的起头可以挂在右边，从右边向左边绕；也可以将线头挂在左边，从左边向右边一匝匝排绕。同心式线圈从小圈绕起，引线挂在右边，便于过桥线的处理。绕到规定匝数时，用已放置的绑扎带通过夹板的扎线槽把线圈绑紧，勿使松散。线圈的头尾分别做好记号，头尾各留出 1/3 匝的长度后剪断。在绕制中导线不够长度，需要连接时，其接头焊接处应选择在线圈端部斜边位置，严禁把接头留在有效边上。

任何接头都必须套上绝缘管。连绕线圈，每绕好一个线圈，应在过桥线套上绝缘管后，再绕下一个线圈。线圈直线部分，每边伸出槽外 15mm。当一个绕组元件绕完后，先绑扎而后脱去线模，取下绕组并编号。

线圈全部绕完后，应对每个极相组（或每相连绕的相绕组）进行直流电阻的测定和匝数检查，看直流电阻是否相等，每个线圈的匝数是否符合规定。

四、下线

下线的关键是保证绕组的位置和次序正确及绝缘良好。

为了保证下线的质量，嵌线时不但定子铁芯和槽内要干净，而且工作台和周围环境都要整洁。操作者双手要洗净，以防止铁屑、油污和灰尘等沾在导线上。同时，操作者还要熟悉拆除旧绕组时的记录和数据，记清楚电动机的极数、线圈节距、引线方向、并联支路数、绕组排列方式、绕组端伸尺寸和其他下线的技术要求。

1. 下线前的准备工作

（1）下线工具。手工下线的工具主要有压线板、划线板、剪刀、木锤（或橡皮锤）和钢皮铁划板等。

压线板用于压平槽内导线，要根据电动机槽形的不同多准备几只。压线板的压脚宽度一般为槽上部宽度减去 0.6～0.7mm。压线板必须光滑，以免损伤导线绝缘。

划线板用钢纸或胶木板做成，其头部要磨光滑而且厚薄要合适，要求它能划入槽内的 2/3 处。划线板是用来划顺导线引其入槽的工具，并能劈开槽口的绝缘纸，使堆积在槽口的导线向槽内两侧分开，这样上边的导线就易于入槽。

剪刀最好是手术用弯头长把剪刀，也可以用一般剪刀。

钢皮铁划板用于折合槽绝缘纸和封闭槽口。

（2）绝缘结构和槽绝缘的安放。电动机绝缘的好坏，不仅关系其电磁性能的优劣，而且决定着投运后的可靠运行。电动机的绝缘之中，槽绝缘的下料和安放是关键环节。槽绝缘材料应按规定的绝缘等级选用。中小型异步电动机槽绝缘的结构和材料见表 3-13。

表 3-13 　　　　　　　　　　　　中小型异步电动机槽绝缘的结构及材料

电动机型号		槽绝缘	绝缘等级
J、JO 型		两层 0.12～0.14mm 青壳纸夹一层 0.11～0.17mm 的油性玻璃漆布	A 级
		两层 0.11～0.15mm 醇酸玻璃漆布夹一层 0.2mm 醇酸云母板	B 级
J2、JO2 型	1～2 号机座	0.22mm 复合聚酯薄膜青壳纸或用一层 0.5mm 聚酯薄膜、一层 0.15mm 青壳纸	E 级
	3～5 号机座	0.27mm 复合聚酯薄膜青壳纸或用一层 0.5mm 聚酯薄膜、一层 0.2mm 青壳纸	
	6～9 号机座	0.27mm 复合聚酯薄膜青壳纸（或用一层 0.5mm 聚酯薄膜、一层 0.2mm 青壳纸），加一层 0.15mm 玻璃漆布	

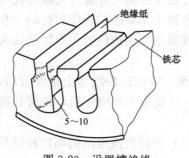

图 3-20　设置槽绝缘

槽绝缘两端要伸出槽外一些，如图 3-20 所示。伸出的长度要根据电动机的容量大小而定，见表 3-14。槽绝缘两端伸出部分要折成双层。槽绝缘的宽度，要能保证其在槽内贴紧槽壁，里层绝缘还要高出槽口 5～10mm，并向两边分开，作为下线时的引槽纸。主绝缘放置在槽口下，要能够包住导线。不宜高出槽口，也不能放置太低。主绝缘的宽度可根据槽形尺寸进行估算，如图 3-21 所示，其近似值为 $\pi R + 2H$。

表 3-14 　　　　　　　　　　　异步电动机槽绝缘伸出铁芯的长度　　　　　　　　　　　　（mm）

机座号	一端伸出铁芯长度	机座号	一端伸出铁芯长度
3、4	7.5	8	12
5	8	9	15
6、7	10		

（3）制作槽楔。槽楔一般用竹子或胶木板做成，经过变压器油处理，其形状和大小要与槽口内侧相吻合，长度比槽绝缘略短些，一端要倒角，以利于插入槽内，防止钩破绝缘。

完成了上述准备工作之后，就可下线了。

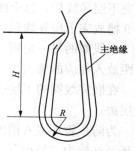

图 3-21　槽绝缘的宽度

2. 下线的一般方法

下线是一项细致的工作，操作者应特别小心谨慎。如果粗心大意，很可能造成返工或留下故障隐患。单只线圈的下线比较简单，但对连续绕制的线圈组的下线，稍有疏忽就可能嵌反，应格外当心。

为防止下线时线圈发生错乱，习惯上把电动机空壳定子有出线孔的一侧置于下线人员的右手侧；同时，也应使所有线圈的引出线从定子腔的出线孔一侧引出。

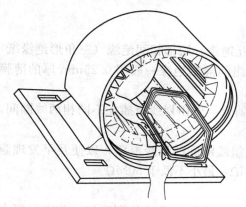

图 3-22　将线圈嵌入槽内

下线时，需要适当改变线圈形状，然后把要下的线圈的一边散开，并捻成薄片形状，一只手将导线一根一根推入槽内，另一只手从定子腔的对侧将导线按顺序拉入槽内。方法如图 3-22 所示。如果有小部分导线压不进槽内，可把划线板插入槽口，沿着槽的方向边划边压地把导线一根根压进槽内。应注意，划线板使用时，必须从槽的一端一直划到另一端，必须使所划的导线全根进入槽里后，再划其余的导线；切忌随意乱划或局部挤压，避免使几根导线产生交叉，卡在槽口无法嵌入。如果槽中部分导线有高低不平现象，可用压线板，下衬树脂薄膜，从槽的一端插进槽内，用小锤轻轻敲压线板背，边敲边移动压线板，直至槽内导线压平为止。

3. 单层绕组的下线方法

单层绕组每个定子槽内只下一条线圈边。每下好一组（也称"一联"）线圈边，应空开一定槽数再下第二组。如果每组仅有一个线圈，那么每下一条线圈边就要空一槽；如果每组有两个线圈，那么每下好一组的两只线圈的边就要空两槽，再下第二组的两只线圈的边，其余类推。空出的槽预备嵌放另外的线圈边。例如，一台三相四级 24 槽节距为 5 的单层绕组电动机，共有 12 联（极相组），每联一只线圈。先把一只线圈的一边下入第 1 槽，并打入槽楔。这只线圈的另一边应落在第 6 槽，现暂搁起不下；下面空出第 24 槽，将第二只线圈的一边下入第 23 槽，它的另一边应落在第 4 槽，现也暂留不下；接着空出第 22 槽，再将第三只线圈的一边嵌入第 21 槽，它的另一条边按节距可落入第 2 槽内。按照上面的方法，可继续把线下完。

4. 双层绕组的下线方法

把第一个线圈的一边下在槽内后，线圈的另一边仍留在槽外面。把第二个线圈的一边放在相邻的槽内，它的另一条边也留在槽外。依次进行，直至每个槽里面的下层均有一条线圈边为止。然后按节距把线圈留在槽外的一边依次嵌入各槽的上层。例如，嵌放节距为7（1～8槽）的双层绕组。1～7 槽只能嵌放下层导线，这几个线圈的另一边留在槽外；在第 8 槽中放完下层导线后，这个线圈的另一边不用再留在槽外，可以按节距放在第 1 槽的上层。同样第 9 槽放完下层导线后，其另一边可放入第 2 槽的上层。以后的下线照此类推。最先放入的那 7 个线圈的另一边则一直留在槽外，直到最后几个槽均放入下层导线以后，才能将它们按节距放入相应的槽内。

在嵌完线圈的下层边后，不允许有个别导线露在上面，要用压线板压实，才能下线圈的上层边。

为防止暂不嵌入槽内的另一线圈的边影响其他线圈边的下线操作，可以用线绳把它们吊起来，这称为"吊把"；也可以把暂不嵌入的线圈边用纸板垫好，免得被槽口划伤。

5. 封槽口

下线完毕后，把高出槽口的绝缘物齐槽口剪平，将线压实，用钢皮铁划板折合槽绝缘，包住导线，再用压线板压实绝缘纸，从一端打入槽楔。槽楔应比槽绝缘短 3mm，其厚度不小于 2.5mm，以进槽后松紧适宜为准。

6. 放置绕组端部隔相绝缘

隔相绝缘是使不同相的相邻两组线圈的端部相互绝缘。端部相间绝缘（三角形绝缘纸）必须塞到与槽绝缘相接处，且压住层间垫条。极相组间隔相绝缘一般用 0.25mm 厚的薄膜青壳纸，其形状和大小应能包住不同相的下层导线。

插入隔相纸的方法是，将电动机竖直，定子腔朝天，先用划线板插在不同相两线圈间，稍微撬开点，再将隔相纸插入缝内，一插到底。

隔相纸垫好后，测量每极相组对地和各相邻两组线圈间的绝缘电阻，以便及早发现隐患，并清除之。新下绕组对地绝缘一般应达到 $100M\Omega$，最小不低于 $50M\Omega$。

7. 端部整形

绕组下完后，用橡皮锤或木锤将端部向外敲打，打成规定尺寸的喇叭口，其直径要合适，通风、转子装配和与机壳距离都应符合要求。检查相绝缘、端部伸出尺寸、槽楔松紧等，都无问题后，将端部绝缘修剪整齐，并绑扎牢固。

五、接线和引线制作

下线工序完成后，电动机定子铁芯内就嵌好一个个的线圈。每个线圈都有其头和尾，下一步需要把它们连接成三相对称绕组。

接线时，根据三相对称绕组的接线原则，先把单个线圈连接成极相组，然后连接成相绕组。接线操作可按下述步骤进行：

第一步，按接线原则把应该连接在一起的线圈首端或尾端暂时铰接在一起（可先不刮绝缘）。三相均绞好后，认真检查铰接是否正确。

第二步，对铰接正确的绕组，逐个松开铰接点，进行刮绝缘层、焊接及包接头绝缘。三相都焊完后，把六个端头按要求引至接线盒中，在接线柱上接牢。

下面分别介绍接线和接头焊接的工艺。

1. 三相对称绕组接线步骤和工艺

三相绕组接线的基本要求是使接成的三相绕组在空间对称（互差 120°电角度），同时三相绕组各种参数相等。其具体接法如下：

（1）划分相带，标出各相带电流参考方向。对各槽中的线圈，按相带宽度（一个相带所占槽数）和 A→Z→B→X→C→Y 的顺序进行相带划分，然后对各相带所属导体标上电流参考方向。标好后，相邻相带电流方向应相反，可用粉笔或石笔把电流方向轻轻画在槽齿上。

（2）连成极相组。把同一极相组的九个线圈串联成一个极相组。串联时是采取"头接尾"或是"头接头、尾接尾"，应以标出的电流方向为准。串接好后，若电流从极相组首端进入线圈，沿导线巡行整个极相组，从尾端出来，所遇到的电流参考方向应全部相同，则连接正确。对几个线圈一次连续绕好的极相组，不需要这一步，可直接进行下一步。

（3）连成相绕组。把几个极相组连成一相绕组的方案很多，不过一般的多用串联或并联。究竟怎样连接，应以修理前拆除绕组时的记录为准，原则是照原样修复。连接时应注意：①串联或并联时，仍以导线上标定的电流方向为依据。连接正确的一相绕组，从头到尾巡行时，所有电流方向应相同。②为保证三相绕组对称，连接时不能把极相组的相别弄错（如 A 相的接到 B 相中），三相绕组每相内各极相组的串、并联关系应完全相同。③连接时，应注意把三相绕组的首端（或尾端）取在相隔 120°电角度的位置上。

2. 电源引出线的选用与接头焊接工艺

（1）电源引出线的选用　各相绕组内部的连接线接完后，需用专门的电源引出线将三相绕组的六个端子接到接线盒的接线板上。电源引出线一般采用橡皮绝缘软导线或其他多股绝缘软铜线。其线径、规格可根据电动机的额定功率或额定电流，再加一定余度，在表 3-15 中选取。

表 3-15		三相电动机电源引出线规格	
额定功率 /kW	额定电流 /A	导线截面积 /mm²	可选用导线的规格 /（根/mm）
0.35 以下	1.2 以下	0.3	16/0.15
0.60～1.1	1.6～2.7	0.7～0.8	40/0.15、19/0.23
1.5～2.2	3.6～5.0	1.0～1.2	7/0.43、19/0.26、32/0.2、40/0.19
2.8～4.5	6.0～10.0	1.7～2.0	32/0.26、37/0.26、40/0.25
5.5～7.0	11～15	2.5～3.0	19/0.41、48/0.26、7/0.7、56/0.26
7.5～10	15～20	4.0～5.0	49/0.32、19/0.52、63/0.32、7/0.9
13～20	25～40	10	19/0.82、7/1.33
22～30	44～47	15	49/0.64、133/0.29
40	77	23～25	19/1.28、98/0.58
55～75	105～145	35～40	19/1.51、133/0.58、19/1.68

（2）焊接的准备。

1）选配套管。套管一般用黄蜡管或玻璃丝漆管。因电动机内绕组的温度较高，不能用耐热性能差的塑料管。接线时，可根据实际情况决定套管的长度。在两段引出线上各套一段长度适当的较细套管，并在其中一根引线上再串套一根长度为 40～80mm 的较粗套管，待接头焊完后，处理完接头处的绝缘，将粗套管移到接头上套住接头，以加强绝缘和机械强度。下料时，注意粗套管两端应留有充分的余量，如图 3-23 中套管部分的放大图所示。

2）清除绝缘层及污物。在将要焊接的部位刮净绝缘漆皮，刮削时导线要不断转动，使焊接部分的周围都被刮净，以利于焊接。

3）搪锡。凡是采用锡焊的接头，为了保证焊接质量，在刮净焊头后，应尽快涂上焊剂，

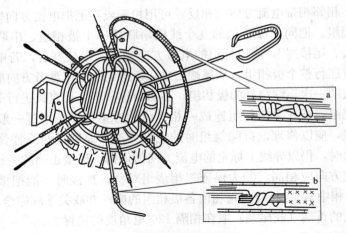

图 3-23　绝缘套管的套法

搪上焊锡。搪锡可以用电烙铁，也可以在熔融的锡锅里浸锡或浇锡。

（3）接头连接的形式。接头连接常用的几种形式如下：

1）铰接。绕组连接线在三根或三根以下，都可以用铰接法，其铰接形式如图 3-24
所示。

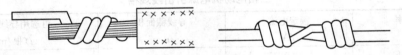

图 3-24　线头的铰接

图 3-25　线头的对接

2）对接。绕组连接线在四根及以上者，可以用对接
法，如图 3-25 所示。

3）扎线绑扎。绕组的引出线与电缆线相接时，绕组
并绕根数在四根以上，电缆规格在 49/0.52 以上者，用
扎线绑扎，如图 3-26 所示。绑扎线一般用直径为 0.3～0.8mm 的铜线。

4）并头套。在连接扁线或铜排时，可采用 0.5～1.0mm 厚的薄铜片按接头尺寸制成扁
套管，俗称并头管。将引出线接头插于并头套管中套紧，如图 3-27 所示。

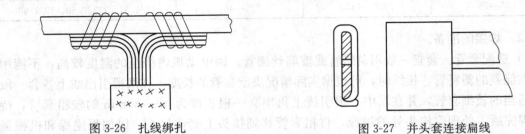

图 3-26　扎线绑扎　　　　　　　　　　　图 3-27　并头套连接扁线

（4）端部连线的布置。各极相组之间的跨接线及各相的引出线在接线之前，应对它们的
合理排列进行考虑。当这些线头焊接完毕，包好绝缘，套上绝缘套管后，用蜡线或纱带牢固
地绑扎在绕组端部的顶上。有些两极电动机绕组端部伸出铁芯过长，与端盖距离已很接近，

可将连接线排列在绕组外侧。在没有引出线的另一端，绕组端部仍用蜡线或纱线扎紧，以使其成为一个整体。

（5）焊接方法。

在导线接头处必须进行可靠焊接。如果接头处仅仅互相绞合，而不加焊接，那么在长时间高温作用下，接触面会因氧化而使接触电阻变大。在有电流通过时，接头处产生高热，更加速接头处的氧化，接触电阻更大。如此恶性循环，必然烧坏接头，并波及周围导线，造成绕组损坏。为保证电动机不因接头损坏而影响整机，故绕组接头必须进行焊接。

焊接的方法有锡焊和铜焊两种：①锡焊。用焊锡作焊料，松香酒精溶液作焊剂。锡焊常用烙铁焊、浇焊和浸焊三种操作方式，注意禁止使用酸性焊剂，以免腐蚀导线和绕组绝缘。在进行焊接之前，先把要焊部分砂磨光洁，除尽污垢。擦净锡焊部分后，再涂上焊剂，即可进行锡焊。对于导线较细的接头，可用烙铁焊接；对于较粗的导线接头，宜采用浇焊或浸焊法。②铜焊。对工作电流大、工作温度高和可靠性要求高的电动机绕组接头，可采用银铜焊或磷铜焊。

第四节　电动机绕组直流电阻测量

绕组直流电阻的测定在冷态下进行，测量方法有电桥法和电压电流表法。每相绕组电阻大于 1Ω 时采用单臂电桥测量；每相电阻小于 1Ω 时，为准确起见，最好采用双臂电桥进行测量。如果没有电桥，则可采用电压电流表法测量后计算每相绕组电阻。

当采用电压电流表法时，在相绕组中串联一个直流电流表，并联一个直流电压表，然后外加一个直流电源，调节直流电流约为电动机每相额定电流的 20% 左右，读取电压表读数 U 和电流表读数 I。为确保数据准确，可改变电流测量三次，然后取平均值进行计算，则被测绕组的直流电阻值 $R=U/I$。

对于星形（Y）或三角形（△）接法，只有三个接线端的电动机，可通过测量线间电阻后再换算成相电阻。

测量绕组冷态直流电阻时，还需要记下测量时的室温值 $t\,℃$，然后换算到 75℃ 基准工作温度时的电阻值 $R_{75℃}$：

$$R_{75℃}=R_{t℃}\frac{K+75}{K+t}$$

式中：$R_{t℃}$ 为室温下测得的直流电阻值，Ω；t 为测量时的室温，℃；K 为常数，对铝线电动机，$K=228$；对铜线电动机，$K=235$。

如果三相绕组的直流电阻不相等，将引起三相电流不平衡。为确保绕组重绕质量，对中小型低压电动机，应使测得的每相绕组的电阻值满足下式：

$$\frac{R_{max}-R_{min}}{R_{av}}\leqslant 5\%$$

$$R_{av}=\frac{R_U+R_V+R_W}{3}(\Omega)$$

式中：R_{max} 为三相绕组中最大电阻值，Ω；R_{min} 为三相绕组中最小电阻值，Ω；R_{av} 为三相绕组电阻的平均值，Ω；R_U、R_V、R_W 为三相绕组的直流电阻值，Ω。

如果直流电阻值相差太大，则表示绕组中可能有局部短路、焊接不良或匝数过多等。多条支路并联时，则有可能其中某条支路有断路或焊接不良等故障。对此，必须认真检查，寻找原因，加以解决。

第五节　电动机绕组绝缘电阻测量

通过绝缘电阻的测量能判定绝缘材料的受潮、沾污或绝缘缺陷等情况。由于测量设备简单、方法简便，又是非破坏性试验，因此绝缘电阻的测定被认为是判断绝缘质量的一个必要程序。

电动机修理后，投入使用前用绝缘电阻表测量各相绕组之间和各相绕组与机壳之间的绝缘电阻。对于额定电压为 500V 以下的电动机，可采用 500V 绝缘电阻表；对于额定电压为 500～3000V 的电动机，应选用 1000V 的绝缘电阻表；对于额定电压为 3000V 以上的电动机，宜选用 2500V 的绝缘电阻表。对于常用的 500V 及以下的低压电动机，以及修复后或重新全部更换绕组的电动机，要求其绝缘电阻值在室温（冷态）下不得低于 5MΩ。

根据国家标准规定，在工作温度（热态）下，电动机的绝缘电阻值不得低于下式计算的数值：

$$R_{75} = \frac{U_N}{1000 + \dfrac{P_N}{100}} (\text{M}\Omega)$$

式中：U_N 为电动机的额定电压，V；P_N 为电动机的额定功率，kW。

电动机的绝缘电阻随着温度的升高而降低，呈指数规律变化，同时也随着受潮程度的加深而降低。在工作温度下，电动机的热态绝缘电阻反映了电动机在工作温度和不受潮状态下的绝缘质量；在室温下测得冷态绝缘电阻，可用于判断电动机能否安全运行。

绕组冷态绝缘电阻值一般应高于热态绝缘电阻值。由于受条件限制，一般情况下，多数测量冷态绝缘电阻值，而热态绝缘电阻值则可通过换算求得。其换算方法可参考下式进行：

$$R_t = R_{75} \times 2^{\frac{75-t}{10}} (\text{M}\Omega)$$

式中：R_t 为室温 t℃下的冷态绝缘电阻值，MΩ；R_{75} 为绕组热态（75℃）时的绝缘电阻值，MΩ；t 为室温，℃。

对于额定电压为 380V 的电动机，其热态下绕组的绝缘电阻值约为 0.38MΩ，因此可得出各种室温下冷态绝缘电阻的合格值（表 3-16）。

表 3-16　　　　　　　　　室温下冷态绝缘电阻的合格值（U_N＝380V）

t/℃	0	5	10	15	20	25	30	35	40
R_t/MΩ	69	47	34	24	17	12	8.6	6	4.3

第六节　电动机运行测试

三相异步电动机的空载试验是在电动机的定子绕组上施加三相平衡的额定电压，使电动机在不带负载的情况下运行，空载运行的时间应不少于 0.5h。

　　三相异步电动机在空载运行时，应观察它的运转情况，监听有无异常声音，检查铁芯是否过热、轴承的温升是否正常，并且测量它的三相空载电流，看其是否太大或不平衡。对于绕线转子异步电动机，还应检查电刷与滑环之间是否有火花及过热现象。

　　空载电流是从三相异步电动机定子电源线测量所得的线电流，可以使用电流表或钳形电流表进行测量。当采用钳形电流表进行测量时，钳形电流表应远离电动机外壳，避免电动机漏磁场而影响测量结果。三相异步电动机的空载电流与电动机的功率、极数有关，而同规格不同系列的产品也有较大的差别。准确的数值要查产品说明书或有关技术资料；对于一般用途的中小型三相异步电动机则可参考表 3-17 进行比较，所测得的空载电流不应超出该表值±5%的范围。

表 3-17　　　　　　一般用途三相异步电动机空载电流占额定电流的比值　　　　　（kW）

极数	0.06～0.2	0.22～0.5	0.55～1.5	1.7～4.5	5～11	13～30	32～90
2 极	0.53～0.64	0.35～0.5	0.37～0.52	0.34～0.38	0.26～0.32	0.24～0.29	0.27～0.29
4 极	0.63～0.74	0.6～0.67	0.48～0.52	0.34～0.45	0.35～0.37	0.33～0.36	0.28～0.31
6 极			0.55～0.61	0.48～0.54	0.42～0.45	0.35～0.43	0.26～0.28
8 极				0.55～0.59	0.49～0.53	0.42～0.48	0.39～0.42

注　表中空载电流为三相电流的平均值。

　　三相异步电动机在空载运行时，其中任意一相的电流值与三相电流平均值的偏差不应超出±10%的范围，即

$$\frac{I - I_{av}}{I_{av}} \times 100\% \leqslant \pm 10\%$$

式中：I 为三相绕组中任一相的空载电流值；I_{av} 为三相空载电流的平均值。

　　如果三相绕组中的电流值的误差超出±10%的范围，或空载电流太大，可能是绕组错接或短路、空气隙超过额定值、转子有轴向位移等原因所致。如果空载电流太小，则可能是定子绕组的匝数过多、绕组三角形接法误接成星形接法、绕组两条支路并联错接成一条支路等原因造成的。对此，须认真检查后排除故障。

第二篇　变压器检修与试验

第四章　变压器基础知识及检修

第一节　变压器分类与铭牌参数

变压器的种类很多，不同变压器有不同的使用目的，适用于不同的工作条件。

一、变压器的分类

变压器可按用途、绕组数目、相数、冷却方式和调压方式等进行分类。

（1）变压器按用途分为电力变压器、仪用互感器、调压变压器、试验用变压器、特殊变压器。

（2）变压器按每相绕组数目分为双绕组变压器、三绕组变压器、多绕组变压器、自耦变压器。

（3）变压器按相数分为单相变压器和三相变压器等。

（4）变压器按冷却方式和绝缘介质分为空气或环氧树脂为冷却介质的干式变压器和以 SF_6 气体为介质的充气式变压器、油浸变压器（包括油浸自冷、油浸风冷、油浸强迫油循环式和强迫油循环导向风冷式）等。

（5）变压器按调压方式分为有载调压变压器（有励磁调压）和无载调压变压器（无励磁调压）。

此外，变压器按容量还可分为大、中、小型和特大型四种。小型变压器的容量为 $10\sim630kVA$，中型变压器的容量为 $800\sim6300kVA$，大型变压器的容量为 $8\sim63MVA$，特大型变压器的容量为 $90MVA$ 及以上。

二、变压器的铭牌参数

为了使变压器安全、经济、合理地运行，同时让用户对变压器的性能有所了解，变压器的外壳上都安装了一块牌子，称为铭牌。铭牌上面注明了变压器的用途、型号、冷却方式、联结组标号、额定值等铭牌数据，供使用和检修变压器时参考。变压器的铭牌如图 4-1 所示。这里只介绍变压器的额定值。

额定值是设计和使用变压器的依据，在额定状态下运行时，可以保证变压器长期可靠地工作，并具有良好的性能。

1. 额定容量 S_N

额定容量是指额定工作条件下变压器输出能力（视在功率）的保证值，单位为 VA、kVA 或 MVA。三相变压器的额定容量指三相容量之和。

2. 额定电压 U_{1N} 和 U_{2N}

一次绕组的额定电压 U_{1N} 是根据变压器的绝缘强度和容许发热条件规定，加到一次绕组

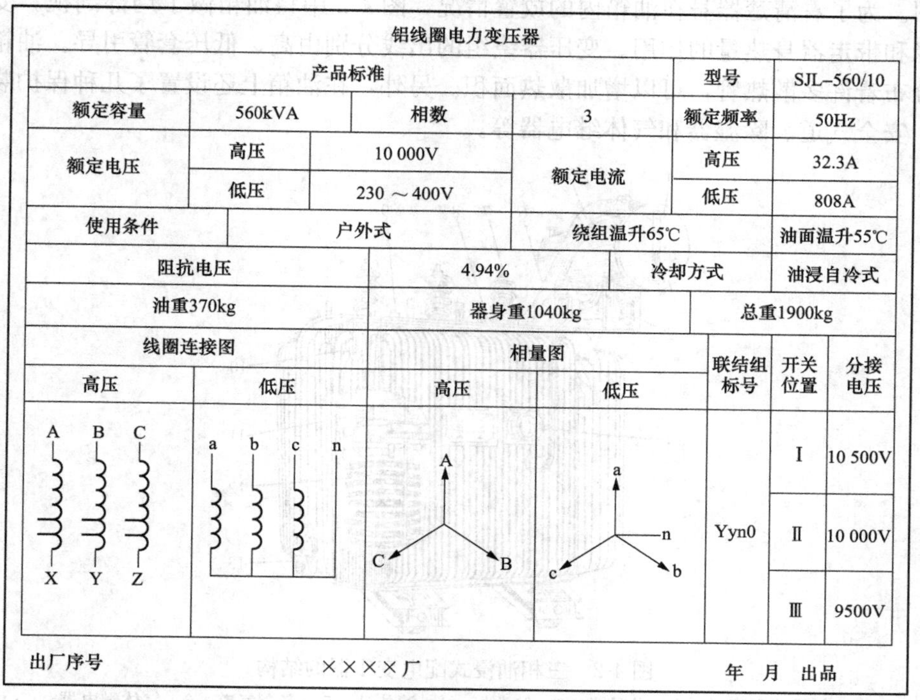

铝线圈电力变压器					
产品标准				型号	SJL-560/10
额定容量	560kVA	相数	3	额定频率	50Hz
额定电压	高压	10 000V	额定电流	高压	32.3A
	低压	230～400V		低压	808A
使用条件	户外式		绕组温升65℃	油面温升55℃	
阻抗电压	4.94%		冷却方式	油浸自冷式	
油重370kg	器身重1040kg		总重1900kg		

线圈连接图		相量图		联结组标号	开关位置	分接电压
高压	低压	高压	低压			
				Yyn0	I	10 500V
					II	10 000V
					III	9500V
出厂序号		××××厂			年　月　出品	

图 4-1　变压器的铭牌

上的正常工作的电源电压值。二次绕组的额定电压 U_{2N} 是指一次绕组加上 U_{1N}，且分接开关位于额定分接头时的二次绕组的空载电压值。额定电压的单位为 V 或 kV。三相变压器的额定电压指线电压。

3. 额定电流 I_{1N} 和 I_{2N}

额定电流是根据容许发热条件而规定的绕组长期容许通过的最大电流值，单位为 A 或 kA。三相变压器的额定电流是指线电流。

所以当忽略变压器的损耗时，额定容量为：

对单相变压器

$$S_N = U_{2N}I_{2N} = U_{1N}I_{1N}$$

对三相变压器

$$S_N = \sqrt{3}U_{2N}I_{2N} = \sqrt{3}U_{1N}I_{1N}$$

4. 额定频率 f_N

额定频率指变压器额定工作条件下，一次绕组外加电源的电源频率。不能错用额定频率与电源频率不同的变压器。我国的额定频率为 50Hz。

第二节　变压器的基本结构

一、总体结构

以油浸式配电变压器为例，说明变压器总体结构。图 4-2 为三相油浸式配电变压器的结构示意图。为了看清楚器身在油箱内的放置情况，图 4-2 中将油箱做了局部剖视。变压器油能起绝缘和带走器身热量的作用。变压器绕组的出线分别由高、低压套管引导。油箱的外壁均匀地分布着许多散热管，可以增加散热面积。另外，在油箱上还设置了几种保护装置，即储油柜、安全气道、除湿器和气体继电器等。

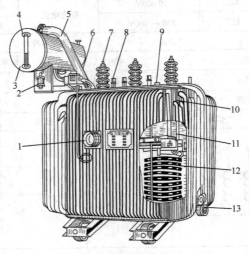

图 4-2　三相油浸式配电变压器的结构

1—信号式温度计；2—吸湿器；3—储油柜；4—油位计；5—安全气道；6—气体继电器；
7—低压套管；8—高压套管；9—分接开关；10—油箱；11—铁芯；12—绕组；13—放油阀门

变压器各部分的名称及作用如图 4-3 所示。

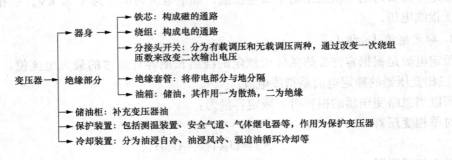

图 4-3　变压器各部分的名称及作用

二、器身

图 4-4 是油浸式配电变压器的器身装配好以后的外观情况。变压器器身主要由铁芯和绕组两大部分组成。在铁芯和绕组之间、高压绕组和低压绕组之间及绕组中的各匝导线之间均有相应的绝缘层。图 4-4 中 U1、V1、W1 为高压侧引出线，U2、V2、W2 为低压侧引出线。另外，在高压侧设置有调节电压的分接开关。

配电变压器的铁芯通常采用三相三柱式结构，如图 4-5 所示。铁芯的芯柱和铁轭均用厚度为 0.35～0.5mm 的硅钢片叠成，叠好后的芯柱用绝缘带绑扎，铁轭由上、下夹件夹紧，上、下夹件之间用螺杆紧固。铁芯叠片通过接地片与夹件连接实现接地。

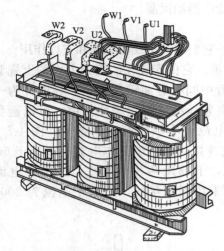

图 4-4　油浸式配电变压器器身外观情况

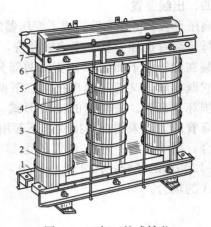

图 4-5　三相三柱式铁芯

1—下夹件；2—叠片铁芯；3—芯柱绑扎；4—拉螺杆；
5—夹紧螺杆；6—上夹件；7—接地片

配电变压器的绕组广泛使用同心式结构，这种结构的特点是低压绕组套在铁芯上，高压绕组同心地套在低压绕组的外面。配电变压器的绕组都采用圆筒式缠绕方法，圆筒式绕组的结构如图 4-6 所示。它的绕线方法是把一根或几根并联的导线在绝缘纸筒上沿铁芯柱高度的方向依次连续绕制而成。一般低压绕组用扁铜线绕成单层或双层［图 4-6（a）］，高压绕组用圆铜导线绕成多层［图 4-6（b）］。绕制时，在绕组的某些层之间用绝缘撑条垫入，以构成油道；低压绕组与铁芯之间、高压绕组与低压绕组之间也有相应的油道。

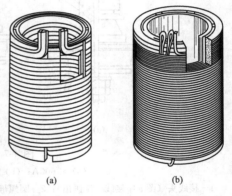

(a)　　　　　　(b)

图 4-6　圆筒式绕组的结构

（a）扁线绕的双层筒式；（b）圆线绕的多层筒式

高、低压绕组在绕制完毕以后，按要求套在各相铁芯柱上，就构成了配电变压器的器身。器身装配的工艺过程如下：

（1）拆除上夹件。

（2）逐片拆除上铁扼。

（3）在各相铁芯柱上，按照低压在内、高压在外的顺序，依次同心地套入低、高压绕组。

（4）逐片嵌回上铁扼的硅钢片。

（5）用上夹件把上铁扼夹紧。

三、油箱

油箱是一个用钢板制作的容器。它的作用是容纳变压器油，使器身浸泡在油中，以满足其绝缘和散热的要求。配电变压器普遍采用箱式油箱，其箱壁和箱底焊接为一体，器身由螺杆吊在箱盖上。检修时，在拧开箱盖螺栓后，可以把箱盖连同器身一起吊出。装配时，箱盖和箱壁之间有耐油胶垫，用箱盖螺栓上紧，以防止变压器油泄漏。

四、出线装置

高压套管和低压套管构成了变压器的出线装置，它们起着出线的绝缘和支撑作用。

低压套管也称为复合瓷绝缘套管，如图 4-7 所示。它由安装在油箱盖上面的上瓷套管和安装在油箱盖下面的下瓷套管两部分组成，二者中间夹着油箱盖钢板。导电杆为一螺杆，它既导电，又通过螺母把上、下两个瓷套管夹紧。纸垫圈起缓冲作用，可以避免压紧时损坏瓷套管。瓷套管的接线形式，因导通的电流大小不同而有所差异。图 4-7（a）中，套管的上部采用杆式接线，下部用一片软铜皮连接，适用于工作电流小于等于 600A的场合；图 4-7（b）中，套管的上部为板式接线，下部用两片软铜皮，适用于电流为 800～1200A 的场合；图 4-7（c）中，上、下部均采用板式接线，适用于电流为 2000～3000A 的场合。

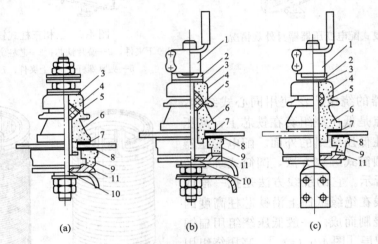

图 4-7　复合瓷绝缘套管

(a) ≤600A；(b) 800～1200A；(c) 2000～3000A

1—接线头（图 a 中接线头未画出）；2—圆螺母（图 a 中圆螺母未画出）；3—衬垫；4—瓷盖；5—密封环；

6—上瓷套管；7—密封垫圈；8，11—纸垫圈；9—下瓷套管；10—导电杆

高压套管与上述低压套管不同，它只由一个瓷套构成，通常称为单体绝缘瓷套管如图 4-8 所示。套管中部制有台阶，以便能通过夹持法兰和压钉把它压紧，并固定在箱盖上。瓷套与箱盖压接处设有密封胶垫，以防变压器油泄漏。导电杆贯穿瓷套管的上、下，其上、下部的接线方式是采用杆式或板式由工作电流的大小决定。当电流较大时，套管内应充满变压器油，以增加散热和提高绝缘能力。

五、附属装置

1. 冷却装置

配电变压器以散热管为冷却装置，即在油箱壁上焊有许多油管。这些油管一方面增大了变压器油与周围空气的散热面积，另一方面为变压器油提供了循环路径，可以把器身产生的热量通过变压器油的自然循环而散发出去。

由图 4-9 可见，器身发热使油变热而密度减小，热油上升进入散热管，与空气进行热交换；油流经散热管后，温度下降而密度增加，沿散热管下降，重新进入油箱，再次冷却器

身。以上循环过程是靠变压器油受热后密度的变化而自然完成的，故这种冷却方式称为自然油循环冷却。

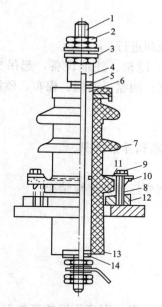

图 4-8　单体绝缘瓷套管

1—导电杆；2—螺母；3—垫圈；4—铜套；5—衬垫；
6—瓷盖；7—瓷伞；8—螺杆；9—螺母；10—夹持法兰；
11—压钉；12—钢板；13—绝缘垫圈；14—铜垫圈

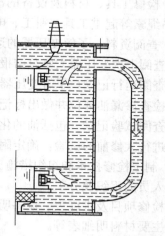

图 4-9　变压器油自然循环途径

为了增加散热面积，现在配电变压器的散热管大多采用扁钢管。

2. 保护装置

保护装置有储油柜、安全气道、除湿器和气体继电器等。它们在油箱上的设置情况如图 4-2 所示。

储油柜在箱盖上方，由管道与油箱连通。有了储油柜，变压器油面可以高于箱盖和套管，使变压器引线和套管内出线都浸在油中，增加了绝缘强度。同时，储油柜也给变压器油的热胀冷缩提供了一个膨胀室。

安全气道的下部与油箱连通，上部与储油柜膨胀室连通。安全气道顶部用厚度为 2～3mm 的玻璃密封，形成防爆膜。

除湿器又称呼吸器。它内部装有用氯化钴浸渍过的硅胶。硅胶的吸湿能力很强，在变压器油胀、缩时，储油柜上部空间的空气通过除湿器与大气交换，硅胶就会吸收这些空气中的水分。

气体继电器装在储油柜与油箱间的管道中。当变压器油箱内产生电弧、局部高热等内部故障时，会出现大量气体，造成变压器油气流涌过气体继电器，使它动作，发出警告信号或作用于断路器跳闸，起到保护变压器的作用。

另外，储油柜侧面有油位计，箱盖上有温度计。

第三节　变压器的拆装与组装

一、拆卸前的准备

变压器在拆卸前必须做好充分准备，以保证检修的顺利进行。

（1）检修工具、材料及设备的准备。如准备变压器，滤油、注油设备，起吊支架、吊链、起吊绳索等起重工具，钳工、电工工具，枕木、撬杠、油盆、油桶、棉布、砂纸等。

（2）查阅资料，了解变压器的运行状况及各种缺陷。

1）查阅上次变压器大修总结报告和技术档案。

2）查阅运行记录，了解变压器运行中已经暴露的缺陷和异常情况。

3）检查渗漏油部位并做出标记。

4）查阅试验记录（包括油的化验和色谱分析），了解变压器的绝缘情况。

5）进行大修前的试验，确定附加检修项目。

（3）制定检修技术和组织措施。

1）人员的组织及分工。

2）检修项目及进度表、设备明细表和必要的施工图。

3）主要材料明细表等。

（4）确定变压器检修中的特殊项目。在检修中，可能对老、旧变压器的某些部件做程度不同地改进工作或消除某些特殊的重大缺陷等，这些都要事先经过技术人员的研究来决定，并列出特殊项目。

（5）施工场地要求。变压器的检修工作应在专门的检修场所进行，要做好防雨、防潮、防尘和消防等工作。检修时应与带电设备保持一定的安全距离，准备充足的施工电源及照明，安排好储油容器、大型机具、拆卸附件的放置地点，合理布置消防器材等。

二、变压器的拆卸步骤

变压器的拆卸是将整个变压器进行解体，拆下各个单元部件，依据技术标准，对各部件进行检查，测量绝缘电阻和直流电阻，做介质损耗及油试验。

1. 拆卸步骤

（1）办理工作票；设备停电后，拆除变压器的高、低压套管连接引线；断开风扇、温度计、气体继电器等附件的电源线，并用胶布把线头包扎好，做好记号；拆开氮气管；拆掉变压器接地线及变压器轮下垫铁，在变压器轨道上做好定位标记，以便检修后变压器复位。

（2）放出变压器油，清洗油箱。放油时应预先检查好油管，以防跑油。

（3）拆卸套管、储油柜、安全气道、冷却器、气体继电器、净油器、温度计等附件。拆卸 60kV 以上电压等级的充油套管时，引线需用专用的细尼龙绳慢慢系下去。拆下来的套管需垂直稳妥地放置在套管架上。

（4）拆卸分接开关操作杆或有载分接开关顶盖及有关部件。

（5）对于采用桶式油箱的中小型变压器，拆卸油箱顶盖与箱壳之间的连接螺栓，将器身吊出油箱。在器身吊出之前，应拆除芯部与顶盖之间的连接物。对于采用钟罩式油箱的大型变压器，拆卸中腰法兰的连接螺栓，吊起钟罩后，器身便全部暴露在空气中。

2. 拆卸注意事项

（1）冷却器、安全气道、净油器及储油柜拆下后，应用盖板密封以防雨水浸入变压器内。

（2）拆卸套管时应注意不要碰坏瓷套。拆下的套管、油位计、温度计等易损件应妥善保管，并做好防潮措施。

（3）拆卸下的螺栓等零件应清洗干净，妥善保管。

（4）拆卸有载分接开关时，分接头置于中间位置或按制造厂规定执行；拆卸无励磁分接开关操作杆时，应记录分接开关的位置，并做好标记。

（5）吊芯（或吊钟罩）一般在室内进行，以保持器身清洁。若在露天环境，应选择无水汽、无尘土、无灰烟及无污染的晴天进行。器身暴露在空气中的时间不应超过以下规定：空气相对湿度不大于 65％时为 16h，空气相对湿度不大于 75％时为 12h。

（6）起吊之前，要详细检查钢丝绳的强度和吊环、U 形挂环的可靠性。起吊时，钢丝绳的夹角不应大于 60°。起吊 100mm 左右，应停顿检查悬挂及捆绑情况，确认可靠后再继续起吊。

（7）吊芯或吊钟罩时应有专人指挥，油箱一旁有人监视，防止器身及其零部件与油箱碰撞损坏。

三、变压器的组装

变压器的器身检修完毕后，应及时将器身或钟罩回装，并将其他附件组装好。变压器的组装步骤：器身（或钟罩）回装→箱体上各部件回装→注油→高、低压套管回装→补注油。

1. 变压器组装前的准备

（1）清理零部件。

1）组装前必须将油箱内部、器身和箱底内的异物清理干净。

2）清理冷却器、储油柜、安全气道、油管、套管及所有零部件。用干净变压器油冲洗油直接接触的零部件。

3）对所属的油水管路必须进行彻底的清理，管内不得留有焊渣等杂物，并做好记录。

（2）准备好合格的变压器油。

（3）准备好全套密封胶垫和密封胶。

（4）清理注油设备。

2. 组装步骤及注意事项

（1）器身与大盖的回装。

1）器身各部件检查、清理完毕后，吊起器身，将油箱移至器身下。

2）将器身（或钟罩）缓慢放下，同时四周应有专人监视线圈或木支架不要被碰坏。

3）将大盖（或钟罩）新胶条顺箱沿放好，做好防止胶条跑偏的措施，以免胶条安装质量不好，引起漏油，给检修工作带来麻烦。

4）沿箱沿站人，用钢钎子四角对眼，当周围螺孔都对正后，落下大盖（或钟罩）。上螺钉，沿周围多次紧固至严密。

（2）附件的回装。分接开关、安全气道、气体继电器、冷却器（散热器）、净油器、储油柜、温度计等附件与油箱的相对位置和角度需按照拆前标记或安装使用说明书进行组装。

（3）向变压器油箱注油。先将油注至没过绕组顶部，其余的油待装完套管后再补注。

（4）低压套管的回装。

1）瓷套表面应光滑、无闪络痕迹，并经交流耐压试验合格后，按相位及拆前标记进行回装。更换新的耐油胶垫。

2）稳固套管压盘。紧固螺钉时，先徒手将螺钉拧紧，然后用扳手按对角拧紧，最后由一人进行操作，防止用力不均而损坏法兰或瓷套。

3）接下部引线。应先将连接下部引线的螺母、平垫用 00 号砂纸打磨，去掉氧化物及引线上的脏物，上引线时一定要紧固，螺母要拧紧，松脱会引起套管下部连接处发热。

（5）高压套管的回装。

1）吊套管前应旋下均压帽，帽内应无积水，否则应擦干净。

2）起吊套管，穿入拉线，将套管装入套管座内。拉引线接头时应注意线心不要打弯。

3）紧固套管螺钉，保持密封良好。

（6）补注油至标准油位。注油时要及时排放大盖下和套管座等突出部位的积气。

（7）做电气试验。静止 24h 后，进行检修后的电气试验。

（8）组装变压器时注意事项如下：

1）各部件应装配正确、紧固、无损伤。

2）各密封衬垫应质量优良、耐油、化学性能稳定，压紧后一般应压缩到原厚度的 1/3 左右。

3）各装配接合面应无渗漏油现象，阀门的开关应灵活，无卡涩现象。

4）油箱和储油柜间的连通管应有 2‰～4‰ 的升高坡度（以变压器顶盖为基准）。

5）气体继电器安装应水平（以变压器为基准），变压器就位后，应使其顶盖沿气体继电器方向有 1‰～1.5‰ 的升高坡度。

6）变压器组装完毕后，应进行油压试验 15min（其压力对于波伏油箱和有散热器油箱来说，应比正常压力增加 2400Pa），并且各部件接合面密封衬垫及焊缝应无渗漏。

第四节　变压器的不吊芯与吊芯检修

一、变压器的不吊芯检修

配电变压器的不吊芯检修又称为小修。

1. 变压器的小修周期

小修周期是根据变压器的重要程度、运行环境、运行条件等因素来决定的。一般规定额定电压小于 10kV 的变压器，通常每年小修一次；对于运行在配电线路上的 10kV 变压器，可每两年小修一次；运行于恶劣环境（严重污染、腐蚀、高原、高寒和高温）中的变压器，可在上述基础上适当缩短小修周期。

2. 小修项目及操作要求

（1）检查接头状况是否良好。检查引出线接头的紧固螺栓是否松动，若有接触不良或接点腐蚀，则应修理或更换。同时，还应检查套管的导电杆螺钉有无松动及过热。

（2）套管的清扫及检查。清扫高低压套管的积污，检查有无裂纹、破损和放电痕迹。检查后针对故障及时处理。

（3）检查变压器是否漏油。清扫油箱和散热管，检查箱体的结合处、油箱和散热管的焊接处及其他部位有无漏油和锈蚀。若焊缝渗油，应进行补焊或用胶黏剂补漏。若是密封垫渗漏，可能的原因有：

1）密封垫圈老化或损坏。

2）密封圈不正，压力不均匀或压力不够。

3）密封填料处理不好，发生硬化或断裂。

检查后，针对具体情况进行处理。老化、硬化、断裂的密封垫和填料应更换；在装配时，应使螺钉均匀地压紧，垫圈要放正；油箱和散热管的锈蚀处应除锈涂漆。

（4）检查安全气道。检查防爆膜是否完好，还应检查其密封性能的好坏。

（5）查看气体继电器是否正常。检查气体继电器是否漏油，阀门开闭是否灵活，动作是否正确可靠，控制电缆及继电器接线的绝缘电阻是否良好。

（6）储油柜的检查。检查储油柜上油位计指示的油位是否正常，若变压器缺油应及时补充。同时，及时清除储油柜内的油泥和水分。

（7）除湿器的检查及处理。除湿器内的硅胶应每年更换一次；若未到一年硅胶就已吸潮失效（变红），应取出烘干。硅胶重新装入除湿器前，用筛子把粒径小于 $3\sim5mm$ 的颗粒除去，以防它们落入变压器油中，引起不良后果。

（8）接地线的检查。检查变压器接地线是否完整良好，有无腐蚀现象，接地是否可靠。

（9）高低压熔断器的检查。检查与变压器配用的保险及开关触点的接触情况、机构动作情况是否良好。采用跌落式保险保护的变压器，应检查熔断器是否完整，是否适当。

（10）测量变压器的绝缘电阻。用绝缘电阻表测定绕组的绝缘电阻。测量时，以额定转速 $120r/min$ 均匀摇动绝缘电阻表 $1min$，读取仪表所示值 R_{60}，并记录当时的变压器温度。

把 R_{60} 与厂家提供的初试值进行比较，以判断是否合格。测得的 R_{60} 值换算到相同温度时，不应低于初试值的 50%。

为判断变压器绝缘是否受潮，常测量其吸收比 R_{60}/R_{15}。R_{60}/R_{15} 是指绝缘电阻表在额定转速下摇动 $60s$ 时的指示值 R_{60} 与摇动 $15s$ 时的指示值 R_{15} 之比。在绝对干燥时，吸收比为 $1.3\sim2.0$；绝对潮湿时，吸收比为 1.0。运行和大修（吊芯检修）时的吸收比标准不做强制性规定。若变压器的吸收比低于 1.3，则表明变压器的绝缘已有不同程度的受潮，应当对变压器进行干燥处理。

用绝缘电阻表测量绝缘电阻时应注意以下事项：

1）按测量对象选用绝缘电阻表的额定电压。绕组额定电压小于 $1000V$ 的，选用 $1000V$ 的绝缘电阻表。

2）测量的环境条件。最好选择气温在 $5℃$ 以上，相对湿度在 70% 以下的天气进行，并尽量保持历次测量的环境条件一致。

3）注意正确使用绝缘电阻表。把绝缘电阻表摆平，不能摇晃，以免影响读数。测量前，将两测试棒开路，在额定转速下，指针应指向"∞"，否则应对仪表进行调校后再测。

4）测量中注意正确接线。测量变压器绕组绝缘电阻时，应把绕组各引出线拆开，非被试绕组接地。绝缘电阻表的"线路"接线柱（L端钮）与被试绕组出线相连接，绝缘电阻表的"接地"接线柱（E端钮）与接地的金属构件（箱体）相连接。当天气潮湿或被测变压器绕组绝缘表面因受腐蚀、污染而不洁净时，为减少表面泄漏电流，可用绝缘电阻表的保护线（G端钮），以使结果更准确。

二、变压器的吊芯检修

变压器的吊芯检修工作量大、工期长、作业项目多，故称为大修。变压器的大修可分为正常的定期大修和因故障而进行的大修。对前者按规定期限进行，对后者需在大修前详细检查变压器的故障状况。

1. 变压器的大修周期和大修前检查

（1）变压器的大修周期。10kV 及以下的变压器，如果不经常过负荷，每 10 年左右大修一次；新安装的电力变压器，除在运输和保管过程中可以保证不会受到损坏者外，均应进行吊芯检查，再安装投运；但容量在 630kVA 及以下，运输过程中无不正常现象的变压器可不吊芯检查，直接投运。

（2）故障变压器大修前检查。对故障变压器，大修前应进行详细的检查和必要的电气试验，确定其故障的部位和原因，再进行针对性的检修，可达到事半功倍的效果。

大修前应当进行的检查和试验项目如下：

1）查看变压器的运行记录。搜集变压器已暴露出并由运行人员记录在案的缺陷，并到现场变压器上一一校对，制定针对性的检修措施。

2）检查气体继电器的动作情况。若气体继电器已动作，则说明已发生严重的内部故障，产生了大量气体，应迅速鉴别气体的颜色、气味和可燃性，并据此判断故障类型和原因，如不易燃的黄色气体由木材受热分解产生，可燃、有强烈臭味的淡灰色气体由纸和纸板产生，灰色或黑色易燃气体由变压器油分解产生。

3）检查变压器外观，对各部件故障状况进行记录。对储油柜、安全气道、油箱、高低压套管、上层油温、引线接头状况进行检查记录。

4）测定绕组绝缘电阻，判断是否有短路和接地。用绝缘电阻表测定绕组绝缘电阻，若测得绝缘电阻很小，或接近于零，说明存在接地或短路故障；若测得值不为零，但小于规定值，则可能是绝缘受潮，需进行烘干处理。

5）交流耐压试验。有的变压器绝缘击穿后，由于变压器油流入击穿点而使绝缘暂时恢复。这时用绝缘电阻表不能判断出故障，需做交流耐压试验来进一步判定。变压器的交流耐压试验是绕组同套管一起进行的，外加电压为表 4-1 中的数值，持续约 1min，变压器不应击穿。

表 4-1　　　　　　　　　　变压器交流耐压试验标准　　　　　　　　　　（kV）

试验条件	额定电压						
	<0.5	3	6	10	15	20	25
出厂时	5	18	25	35	45	55	85
交接和大修时	2	15	21	30	38	47	72

当变压器出厂试验电压与表 4-1 中数值不符时，交接及大修的试验电压取实际出厂电压的 85%。对出厂试验电压不明的非标准变压器，耐压试验标准不得低于表 4-2 中数值。

表 4-2　　　　出厂试验电压不明的非标准变压器交流耐压试验标准　　　　（kV）

绕组额定电压	<0.5	3	6	10	15	20	35
试验电压	2	13	19	26	34	41	64

6) 测量各绕组直流电阻，判定是否有层间、匝间短路，或分接开关、引线断线。由于绕组直流电阻值较小，直流电阻测量一般用双臂电桥进行。如果三相直流电阻之间的差值大于一相电阻值的±5%，或电阻值与上次测得的数值相差 2%～3%，可判定该相绕组有故障。

7) 测定变压器变压比，判定变压器的匝间短路。测定时，用较低的电压加在各绕组高压侧，测量一、二次电压并计算电压比。存在匝间短路的那一相，电压比值会发生异常。如果试验时箱盖已吊开，器身仍浸在油中，还可以看到短路点由于电流产生高热引起变压油分解而冒出的气泡，从而可以判明故障相。

8) 测定变压器的三相空载电流。在变压器一次侧加额定电压，二次侧开路时测量其空载电流，可判断出绕组和铁芯是否有故障。测得的空载电流与上次试验的数值比较，不应偏大；在测得的三相空载电流之间进行比较，应基本平衡，否则存在故障。

9) 变压器油的试验。取油样，进行简化试验，确定变压器油是否合格，是否需要进行处理。

2. 大修项目

配电变压器无论是定期大修或是确定为内部故障后的大修，一般都需要进行以下工作：

(1) 吊芯及吊芯后对器身外部的检查。

(2) 绕组的检修。

(3) 铁芯的检修。

(4) 其他部件，包括套管、油箱、散热管、储油柜、安全气道、除湿器、分接开关等的检修。

(5) 滤油或换油。

(6) 箱体内部的清理和涂漆。

(7) 装配。

(8) 试验。

3. 配电变压器吊芯后的检查

由于变压器油和绕组对污秽、潮湿很敏感，易于受到损害，不宜长时间与空气接触，因此吊芯是变压器检修中技术性较强的一项工作。

(1) 吊芯的注意事项如下：

1) 注意吊芯时的天气条件。吊芯应在相对湿度不大于 75% 的良好天气下进行，不要在雨雾天或湿度大的天气下吊芯。在江边和湖滨地区，日出前湿度大，应在日出后开始放油、吊芯。

2) 注意吊芯场所的清洁。吊芯的工作场所应无灰烟、尘土、水汽，最好在专用的检修场所进行。

3) 必要时提高铁芯温度以免受潮。如果任务紧迫，必须在相对湿度大于 75% 的天气起吊，应使变压器铁芯温度（按变压器上层油温计）比大气温度高出 10℃ 以上，或使室温高出大气温度 10℃，且铁芯温度不低于室温时的吊芯温度。

4) 器身暴露在空气中的时间规定。吊芯过程中应监视空气的相对湿度，控制器身暴露在空气中的时间，应不超过以下的规定：

a. 器身暴露在干燥空气（相对湿度不超过 65%）中的时间不超过 16h。

b. 器身暴露在潮湿空气（相对湿度不超过 75％）中的时间不超过 12h。

5）起吊装置的检查和起吊时的绑扎。起吊前必须仔细检查起吊装置的可靠性，如钢丝绳的强度和勾挂的可靠性是否稳妥。起吊方案如图 4-10 所示。起吊时，应使每根吊绳与铅垂线间夹角不大于 30°。当该角过大时，应适当加长钢丝绳，或加木撑，如图 4-10（a）所示。

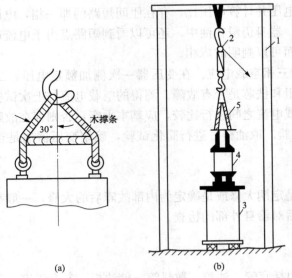

图 4-10　起吊方案

(a) 用木撑条起吊；(b) 用吊架吊芯

1—吊架；2—滑轮组；3—油箱；4—器身；5—绳套

6）起吊时人员组织。起吊时，应由专人指挥，油箱一旁有人监视，防止器身及其零部件与油箱碰撞损坏。

满足以上条件后，就可以进行吊芯操作。

（2）吊芯的工艺程序如下：

1）拆线。变压器停电后，拆开高、低压套管引线，拆开气体继电器、温度计等设备的电缆，把各线头用胶布包好，做好记号，以便检修后的装复。拆掉变压器接地线和小车垫铁，并对变压器的安装位置做好记号。

2）将变压器运至检修现场。

3）放出变压器油。

4）拆卸附件。将套管、储油柜、安全气道、气体继电器拆下来，以免吊芯时损坏。

5）拆卸油箱沿的螺栓。

6）吊芯。对于 3200kVA 及以下的变压器，器身和箱盖一起吊出。

7）把器身放至检修位置。吊出器身后，若起吊设备是可以移动的，就把器身吊至指定地点进行检修；如果起吊设备不能移动，则在吊起器身后，把油箱移开。到工位后，把器身落至离地面 200~300mm 的位置停留，在器身下面放集油盘接器身滴下的残油。待油基本滴净以后，移走集油盘，垫上枕木，把器身放置在枕木之上，以方便检修。

（3）吊芯后的检查。吊芯后，首先对器身进行冲洗，清除油泥和积垢，用干净的变压器油按照从下到上，再从上到下的顺序冲洗一次。不能直接冲洗到的地方，可用软刷刷洗，器身的沟凹处可用木片缠上浸有变压器油的布擦洗。冲洗后进行以下项目的检查：

1）检查螺栓、螺母。检查器身和箱盖上的全部螺栓、螺母，对器身上松动的螺栓、螺母加以紧固。若有螺栓缺螺母，则一定要找到该螺母，将它拧紧在原位置，决不允许它散落在油箱内、器身中。

2）检查绕组。检查各绕组是否有松动、位移和变形，绕组间隔衬垫是否牢固，木夹件是否完好。检查并清理绕组中的纵、横向油道，使其畅通。

3）检查铁芯。铁芯是否紧密、整齐，硅钢片漆膜是否完好、颜色有无异常。检查铁芯接地是否牢固，铁芯与绕组间的油道是否畅通。

4）检查铁轭夹件和穿心螺杆的绝缘状况。检查时，用绝缘电阻表测定它们对铁芯（地）的绝缘电阻。测量时，取下接地铜片，检查铁扼和穿心螺栓是否松动，再用 1000V 绝缘电阻表测绝缘电阻。对 10kV 及以下的变压器，绝缘电阻值不应低于 $2M\Omega$。若测得绝缘电阻值很低，可能是绝缘损坏（夹件的绝缘纸板和穿心螺栓的绝缘纸管），应予以更换。

5）引线的检查。绕组的引出线应包扎严密、牢固且焊接良好。引出线与分接开关和套管连接正确，接触紧密。引出线间的电气距离符合要求。

6）检查绕组和引出线的绝缘是否老化，从外观上对绝缘优劣的评定有以下几种情况：

a. 绝缘物富有弹性，色泽新鲜均衡，用手压无残留变形，为良好绝缘。

b. 绝缘物颜色较深，质地较硬，用手压无裂纹和脱落，为合格绝缘。

c. 绝缘物变脆，颜色深暗，用手压有轻微裂纹和变形，为不可靠绝缘，应予以更换。

d. 绝缘物已碳化发脆，用手压有明显变形、开裂和损坏。这种绝缘必须更换，重绕绕组。检查绕组整体绝缘的同时，还应对局部绝缘的老化迹象进行检查。局部绝缘老化往往是由于绕组内有故障或隐患造成的。发现局部绝缘老化应立即停运，及时查出故障和故障点，并进行处理。

7）检查油箱和散热器，清除它们内部的油泥和积垢，擦洗干净后，用合格的变压器油清洗一遍。

第五节　其他部件的检修

一、套管检修

套管检修项目如下：

（1）将套管表面除污、擦净，仔细检查有无破损及裂纹，有无闪络放电痕迹，损伤严重者应予以更换。

（2）若套管破损不严重，又无备品可换时，可用环氧树脂粘补修复。

（3）检查各油封、胶垫，若有渗漏应更换。若检修时已拆下套管，则应更换全部胶垫。

（4）引线导电螺杆应完好，接头无腐蚀、无发热痕迹。若有，应更换。

二、油箱及散热管检修

油箱及散热管检修项目如下：

（1）仔细清扫油箱上的油垢，如有脱漆的地方应除锈、擦净、涂漆。

（2）检查箱盖与箱体及箱盖上各孔与相应部件连接处的胶垫是否漏油，必要时，清除干净原密封垫的结合面，更换新耐油胶垫。

（3）检查油箱及散热管有无渗油，焊缝有无开裂，若有应进行补焊。在焊接不到的地方，也可用胶粘法止漏。

三、储油柜、安全气道和除湿器检修

储油柜、安全气道和除湿器检修项目如下：

（1）检修储油柜时，拆下端盖，打开阀门，用清洁的变压器油对储油柜内部进行清洗。注意把集污盒中的污垢除净。若筒内有锈迹，用清漆涂刷。对油位计，清洗玻璃管，使它透明，并检查其下部阀门关闭的严密性。

（2）对安全气道检修时，重点查看防爆膜是否破损，密封是否良好。必要时对防爆膜或胶垫进行更换。安全气道内也要用变压器油清洗、除锈涂漆。对气道上与油箱盖、储油柜相连的法兰面，应检查是否平整。这些结合处装配后应不漏油。

（3）在除湿器检修更换硅胶时，应用洁净的变压器油冲洗内部，去掉其油垢，并更换除湿器下部的变压器油，并注意尽量减少硅胶在空气中暴露的时间。

四、分接开关的检修

分接开关的检修项目如下：

（1）检查分接头切换装置的接触是否良好，有无烧伤痕迹，有无过热变色，发热位置附近的绝缘是否有碳化现象，触头有无变形，接触面是否清洁。对触头上放电、烧蚀痕迹，应使用细锉刀或 00 号砂纸打磨，消除缺陷。但注意不允许金属屑或其他杂物落入变压器内。触头缺陷严重时，应予以更换。

（2）检查触头间的接触压力是否足够，动静触头间，用 0.05mm 塞尺塞不进去。如发现弹簧断裂或弹性疲劳，应调整接触面，或换上新弹簧。

（3）传动装置应完好，转轴是否灵活，轴上的螺钉、开口销是否牢固。触头接触与指示位置是否相符合。

（4）绝缘部件应清洁、无损伤、绝缘良好。

（5）分接开关整体在箱盖上应固定牢靠、无松动。开关与箱盖间胶垫应完好、无漏油。

（6）检查固定部分的导电是否良好。检查分接头与静触头相连的接线端连接是否良好，焊点是否有发热和断裂或脱焊现象，以及螺栓连接是否松动。

（7）测定动静触头间的接触电阻。经上述各项检查，确认正常后，用双臂电桥测量分接开关每一位置的接触电阻。测得值不大于 $500\mu\Omega$ 为合格。若某一抽头位置电阻过大，应查明原因予以消除。测量时，最后测量变压器正常运行时那一挡的开关位置。测定合格后，不再更换位置，就此投入运行。另外，测量结果应做记录，留做以后参考。

第五章 变压器的试验

由于电力变压器内部结构复杂，电场、热场分布不均匀，因此事故率相对较高。因此，要认真地对变压器进行定期的绝缘预防性试验，一般为 1～3 年进行一次停电试验。不同电压等级、不同容量、不同结构的变压器试验项目略有不同。

变压器绝缘电阻、泄漏电流和介质损耗等性能主要与绝缘材料和工艺质量有关，它们的变化反映了绝缘工艺质量或受潮情况，但是一般而言，其检测意义比电容器、电力电缆或电容套管要小得多，不做硬性指标要求。变压器绝缘主要是油和纸绝缘，最主要的是耐电强度。

对于电压等级为 220kV 及以下的变压器，要进行 1min 工频耐压试验和冲击电压试验以考核其绝缘强度；对于更高电压等级的变压器，还要进行冲击试验。由于冲击试验比较复杂，因此 220kV 以下的变压器只在型式试验中进行；但 220kV 及以上电压等级的变压器的出厂试验也规定要进行全波冲击耐压试验。出厂试验中，常采用两倍以上额定电压进行耐压试验，这样可以同时考核主绝缘和纵绝缘。

测量绕组连同套管一起的绝缘电阻、吸收比和极化指数，对检查变压器整体的绝缘状况具有较高的灵敏度，能有效地检查出变压器绝缘整体受潮、部件表面受潮或脏污及贯穿性的集中缺陷。例如，各种贯穿性短路、瓷件破裂、引线接壳、器身内有铜线搭桥等现象引起的半贯通性或金属性短路。经验表明，变压器绝缘在干燥前后绝缘电阻的变化倍数比介质损失角正切值变化倍数大得多。

第一节 变压器的绝缘电阻、吸收比和极化指数试验

1. 绝缘电阻试验

测量绕组绝缘电阻时，应依次测量各绕组对地和其他绕组间的绝缘电阻值。被测绕组各引线端应短路，其余各非被测绕组都短路接地。按空闲绕组接地的方式可以测出被测部分对接地部分和不同电压部分间的绝缘状态，绝缘电阻测量顺序和部件见表 5-1。

表 5-1   绝缘电阻测量顺序和部位

序号	双绕组变压器		三绕组变压器	
	被测绕组	接地部位	被测绕组	接地部位
1	低压	外壳及高压	低压	外壳、高压及中压
2	高压	外壳及低压	中压	外壳、高压及低压
3	—	—	高压	外壳、中压及低压
4	（高压及低压）	（外壳）	（高压及中压）	（外壳及低压）
5	—	—	（高压、中压及低压）	（外壳）

注 1. 如果表头指标超过量程，应记录为（量程）+，如 10000+，而不应记为 ∞。

     2. 序号 4 和 5 的项目，只对 15000kVA 及其以上的变压器进行测定。

     3. 括号内的部位必要时才进行。

测量绝缘电阻时，对额定电压为 1000V 以上的绕组，用 2500V 绝缘电阻表测量，其量程一般不低于 10 000MΩ；对额定电压为 1000V 以下的绕组，用 1000V 绝缘电阻表测量。DL/T 596—2005《电力设备预防性试验规程》中对变压器绕组的绝缘电阻没有规定具体值，而是采用相对比较的方法，规定按换算至同一温度时，与前一次测量结果相比无明显变化。若采用绝缘值判别时，通常采用预防性试验绝缘电阻值应不低于安装或大修后投入运行前的测量值 50%。对 500kV 变压器，在相同温度下，其绝缘电阻不小于出厂值的 70%，20℃时最低电阻值不得低于 2000MΩ。

2. 吸收比试验

DL/T 596—2005 规定，对于电压 35kV 及其以下容量小于 10 000kVA 的变压器，在温度 10～30℃时，吸收比（$K = R_{60}/R_{15}$）不小于 1.3；对于 35kV 以上容量大于 10 000kVA 的变压器，在温度 10～30℃时吸收比不小于 1.5。实际测量时，受潮或绝缘内部有局部缺陷的变压器的吸收比接近等于 1.0。变压器绕组绝缘电阻测量应尽在 50℃时测量，不同温度（t_1、t_2）下的电阻值（R_1、R_2）可按式 $R_2 = R_1 \times 1.5^{(t_1-t_2)/10}$ 进行计算。

为避免绕组上残缺电荷导致测量值偏大，测量前应将被测绕组与油箱短路接地，其放电时间应不少于 2min。测量刚停止运行时的变压器，需将变压器自电网断开后静置 30min，使油温与绕组温度趋于相同，再进行绝缘电阻等的测定，并把变压器上层油温作为绝缘温度。对于新投入或大修后的变压器，应在充满合格油并静止一段时间，待气泡消除后，方可进行试验。通常，对 8000kVA 及其以上的较大型电力变压器需静置 20h 以上，对 3～10kVA 的小容量电力变压器需静置 5h 以上。

3. 极化指数试验

在实际测量过程中，会出现绝缘电阻高、吸收比反而不合格的情况，其中原因比较复杂，这时可采用极化指数 PI 来进行判断。极化指数定义为加压 10min 时绝缘电阻与加压 1min 的绝缘电阻之比，即 $PI = P_{10}/P_1$。目前现场试验时，常规定 PI 不小于 1.5。

第二节　变压器绕组连同套管的泄漏电流试验

测量泄漏电流比测量绝缘电阻有更高的灵敏度。运行检测经验表明，测量泄漏电流能有效地发现用其他试验项目所不能发现的变压器局部缺陷。

双绕组和三绕组变压器测量泄漏电流顺序和部位见表 5-2。测量泄漏电流时，绕组上所加的电压与绕组的额定电压有关，表 5-3 列出了泄漏电流试验电压标准。

表 5-2　　　　　　　　　　　变压器泄漏电流测量顺序和部位

顺序	双绕组变压器		三绕组变压器	
	加压绕组	接地部分	加压绕组	接地部分
1	高压	低压、外壳	高压	中、低压、外壳
2	低压	高压、外壳	中压	高、低压、外壳
3	—	—	低压	高、中压、外壳

表 5-3　　　　　　　　　　　　　　　泄漏电流试验电压标准

绕组额定电压/kV	3	6～10	20～35	66～330	500
直流试验电压/kV	5	10	20	40	60

测量时，加压至试验电压，待 1min 后读取的电流值即为所测得的泄漏电流值。为了使读数准确，应将微安表接在高电位处。

因为泄漏电流值与变压器的绝缘结构、温度等因素有关，所以在 DL/T 596—2005 中也不做规定。在判断时要与历年测量结果进行比较，一般情况下，当年测量值不应大于上一年测量值的 150%，同时还应与同类型的变压器的泄漏电流比较。对 500kV 变压器的泄漏电流不做规定，但一般不大于 30μA。

第三节　变压器绕组连同套管的介质损耗试验

测量变压器的介质损耗角正切值（tanδ）主要用来检查变压器整体受潮、釉质劣化、绕组上附着油泥及严重的局部缺陷等，是判断 31.5MVA 以下变压器绝缘状态的一种较有效的手段。测量变压器的介质损耗角正切值是将套管连同在一起测量的，但是为了提高测量的准确性和检出缺陷的灵敏度，必要时可进行分解试验，以判明缺陷所在位置。

表 5-4 给出了规定的介质损耗角正切值，测量结果要求与历年数值进行比较，变化应不大于 30%。当采用电桥法测量时，对于工作电压 10kV 及以上的绕组，试验电压为 10kV；对于工作电压为 10kV 及以下的绕组，试验电压为额定电压。当采用 M 型试验器时，试验电压通常采用 2500V。

表 5-4　　　　　　　　　　　　　　　规定的介质损耗角正切值

变压器电压等级	330～500kV	66～220kV	35kV 及以下
tanδ	0.6%	0.8%	1.5%

测量温度以顶层油温为准，尽量使每次测量的温度相近。测量应尽量在油温低于 50℃ 下进行，不同温度下（t_1、t_2）的 tanδ 值（$tan\delta_1$、$tan\delta_2$）可按下式进行换算

$$tan\delta_2 = tan\delta_1 \times 1.3^{(t_2-t_1)/10}$$

变压器介质损耗角正切值测量结果常受表面泄露和外界条件（如干扰电场和大地条件）的影响，应采取措施减少和消除这种影响。

1. 平衡电桥测量法

由于变压器外壳均直接接地，因此多采用 QS-1 型西林电桥的反接法进行测量。平衡电桥测量法对双绕组和三绕组变压器的测量部位见表 5-5。

表 5-5　　　　　　　　　　　平衡电桥测量法测量变压器绕组的部位

双绕组变压器		
序号	测量端	接地端
1	高压	低压＋铁芯
2	低压	高压＋铁芯
3	高压＋低压	铁芯

三绕组变压器		
序号	测量端	接地端
1	高压	中压、铁芯、低压
2	中压	高压、铁芯、低压
3	低压	高压、铁芯、中压
4	高压+低压	中压、铁芯
5	高压+中压	低压、铁芯
6	低压+中压	高压、铁芯
7	高压+中压+低压	铁芯

双绕组变压器测量介质损耗角正切值和电容的接线如图 5-1 所示。从图 5-1 所示的接线中可以清晰地看出，测量所得的数据并不是各绕组的介质损耗角正切值和电容值（C），其需要在测量后进行计算。

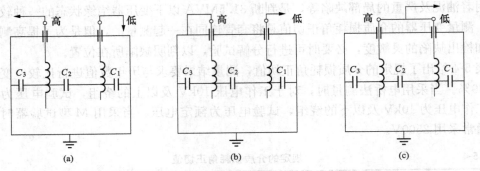

图 5-1　双绕组变压器测量介质损耗角正切值和电容的接线图
(a) 高压-低压及地；(b) 低压-高压及地；(c) （高压+低压）-地

若假设按图 5-1 接线进行试验，测得数据分别为 $\tan\delta_a$、C_a、$\tan\delta_b$、C_b、$\tan\delta_c$、C_c，可以推导出各绕组的 C 和 $\tan\delta$ 为

$$C_1 = \frac{C_b + C_c - C_a}{2}, \quad \tan\delta_1 = \frac{C_b\tan\delta_b + C_c\tan\delta_c - C_a\tan\delta_a}{2C_1}$$

$$C_2 = \frac{C_a + C_b - C_c}{2}, \quad \tan\delta_2 = \frac{C_a\tan\delta_a + C_b\tan\delta_b - C_c\tan\delta_c}{2C_2}$$

$$C_3 = \frac{C_c + C_a - C_b}{2}, \quad \tan\delta_3 = \frac{C_c\tan\delta_c + C_a\tan\delta_a - C_b\tan\delta_b}{2C_2}$$

式中：C_1 为高压绕组对地的电容；C_2 为高压绕组对低压绕组的电容；C_3 为低压绕组对地的电容；$\tan\delta_1$ 为高压绕组对地的介质损耗；$\tan\delta_2$ 为低压绕组对地的介质损耗；$\tan\delta_3$ 为高压绕组对低压绕组的介质损耗；$\tan\delta_a$、C_a 为按图 5-1 (a) 接线所测得的试验数据；$\tan\delta_b$、C_b 为按图 5-1 (b) 接线所测得可试验数据；$\tan\delta_c$、C_c 为按图 5-1 (c) 接线所测得的试验数据。

三绕组变压器测量介质损耗角正切值和电容的接线图如图 5-2 所示。

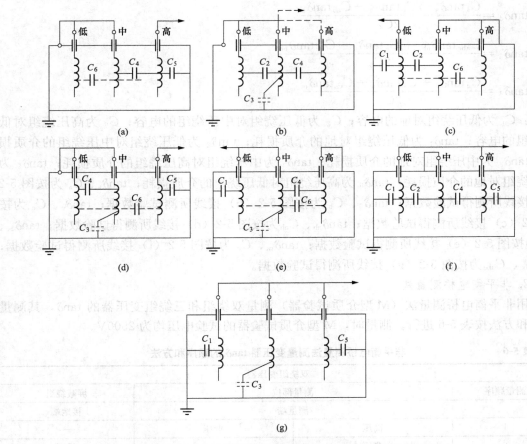

图 5-2　三绕组变压器测量介质损耗角正切值和电容的接线图

(a) 高压-中、低压及地　　(b) 中压-高、低压及地　　(c) 低压-高、中压及地
(d)（高+中）压-低压及地；(e)（中+低）压-高压及地；(f)（高+低）压-中压及地
(g)（高+中+低）压-地

按图 5-2 进行测量，测得的 C 和 $\tan\delta$ 分别为 C_a、C_b、C_c、C_{ab}、C_{bc}、C_{ca}、C_{abc}，以及 $\tan\delta_a$、$\tan\delta_b$、$\tan\delta_c$、$\tan\delta_{ab}$、$\tan\delta_{bc}$、$\tan\delta_{ca}$、$\tan\delta_{abc}$，可以推导出变压器各绕组对地和变压器绕组间的 C 和 $\tan\delta$ 为

$$C_1 = \frac{C_{abc} + C_c - C_{ab}}{2},\ \ C_3 = \frac{C_{abc} + C_b - C_{ca}}{2},\ \ C_5 = \frac{C_{abc} + C_a - C_{bc}}{2}$$

$$C_2 = \frac{C_b + C_c - C_{bc}}{2},\ \ C_4 = \frac{C_a + C_b - C_{ab}}{2},\ \ C_6 = \frac{C_c + C_a - C_{ca}}{2}$$

$$\tan\delta_1 = \frac{C_{abc}\tan\delta_{abc} + C_c\tan\delta_c - C_{ab}\tan\delta_{ab}}{2C_1}$$

$$\tan\delta_2 = \frac{C_b\tan\delta_b + C_c\tan\delta_c - C_{bc}\tan\delta_{bc}}{2C_2}$$

$$\tan\delta_3 = \frac{C_{abc}\tan\delta_{abc} + C_b\tan\delta_b - C_{ca}\tan\delta_{ca}}{2C_3}$$

$$\tan\delta_4 = \frac{C_a\tan\delta_a + C_b\tan\delta_b - C_{ab}\tan\delta_{ab}}{2C_4}$$

$$\tan\delta_5 = \frac{C_{abc}\tan\delta_{abc} + C_a\tan\delta_a - C_{bc}\tan\delta_{bc}}{2C_5}$$

$$\tan\delta_6 = \frac{C_c\tan\delta_c + C_a\tan\delta_a - C_{ca}\tan\delta_{ca}}{2C_6}$$

式中：C_1 为低压绕组对地的电容；C_2 为低压绕组对中压绕组的电容；C_6 为高压绕组对低压绕组的电容；$\tan\delta_1$ 为低压绕组对地的介质损耗；$\tan\delta_2$ 为低压绕组对中压绕组的介质损耗；$\tan\delta_3$ 为中压绕组对地的介质损耗；$\tan\delta_4$ 为中压绕组对高压绕组的介质损耗；$\tan\delta_5$ 为高压绕组对地的介质损耗；$\tan\delta_6$ 为高压绕组对低压绕组的介质损耗；$\tan\delta_a$、C_a 为按图 5-2 (a) 接线所测得试验数据；$\tan\delta_b$、C_b 为按图 5-2 (b) 接线所测试验数据；$\tan\delta_c$、C_c 为按图 5-2 (c) 接线所测得试验数据；$\tan\delta_{ab}$、C_{ab} 为按图 5-2 (d) 接线所测得试验数据；$\tan\delta_{bc}$、C_{bc} 为按图 5-2 (e) 接线所测得试验数据；$\tan\delta_{ca}$、C_{ca} 为按图 5-2 (f) 接线所测得试验数据；$\tan\delta_{abc}$、C_{abc} 为按图 5-2 (g) 接线所测得试验数据。

2. 非平衡电桥测量法

用非平衡电桥测量法（M 型介质试验器）测量双绕组和三绕组变压器的 $\tan\delta$，其测量顺序和方法按表 5-6 进行。测量时，M 型介质试验器的试验电压均为 2500V。

表 5-6　　　　　　　　　　非平衡电桥测量法测量变压器 $\tan\delta$ 的顺序和方法

双绕组变压器		
测量顺序	测量部位	屏蔽绕组
	测量端	接地端
1	高压	低压	—
2	高压	—	低压
3	低压	低压	—
4	低压	—	低压

三绕组变压器		
测量顺序	测量部位	屏蔽绕组
1	高压	低压	中压
2	高压	—	低压、中压
3	低压	中压	高压
4	低压	—	高压、中压
5	中压	高压	低压
6	中压	—	高压、低压
7	全部	—	—

在双绕组变压器中，试验 2 直接测出高压—地的 $\tan\delta$，试验 4 直接测出低压—地的 $\tan\delta$。若试验 1、2、3、4（试验 1~4 为对应表 5-6 中序号 1~4 进行的试验）所测量的视在功率分别为 S_1、S_2、S_3、S_4，有功功率分别为 P_1、P_2、P_3、P_4，则高压—低压之间的

$$\tan\delta = \frac{S_1 - S_2}{P_1 - P_2} = \frac{S_3 - S_4}{P_3 - P_4}。$$

在三绕组变压器中，试验 2、4、6 可直接测出高压、低压、中压对地的 $\tan\delta$。若试验

1、2、3、4、5、6（试验1~6为对应表5-6中序号1~6进行的试验）所测得的视在功率分别为 S_1、S_2、S_3、S_4、S_5、S_6，有功功率分别为 P_1、P_2、P_3、P_4、P_5、P_6，则高压—低压之间的 $\tan\delta = \dfrac{S_1 - S_2}{P_1 - P_2}$，低压—中压之间的 $\tan\delta = \dfrac{S_3 - S_4}{P_3 - P_4}$，中压—高压之间的 $\tan\delta = \dfrac{S_5 - S_6}{P_5 - P_6}$。

第四节　变压器绕组的直流电阻测量

一、测量目的

（1）测量导线焊接或机械连接是否良好，有无焊接或连接不良的现象。

（2）测量引线与分接的连接是否良好（有载调压变压器，要考虑与有载开关的连接）。

（3）测量导线的规格、电阻率是否符合要求。

（4）测量各相绕组的电阻是否平衡（对于配电变压器不平衡率：相电阻平衡率<4%，线电阻平衡率<2%；对于电力变压器不平衡率：相电阻平衡率<2%，线电阻平衡率<1%）。

（5）为变压器负载损耗和绕组的温升计算提供最关键的数据（冷态电阻和断电时的热电阻）。

二、测量方法

1. 电桥法

这是一种测量变压器绕组电阻常用的方法，在正确合理使用电桥的条件下，可以得到较高的准确度，通常使用 0.01~0.1 级的电桥。

2. 数字微欧计（或电阻测试仪）

数字微欧计是基于伏-安表法新开发出的变压器直流电阻测量装置，这种仪器不仅使用方便，而且准确度高，近年来已被广泛使用。这种仪器充电电流范围一般为 1mA~30A，有的甚至可以达到 100A，主要用于大型变压器的测量。它的输出直流电压不高，一般在 20V 以下。

三、测量结果计算

当三相电阻相等时，Y 接：$R_L = 2R_{ph}$；D 接：$R_L = 2/3R_{ph}$。

（1）不同环境温度下的测量结果换算。

铜绕组换算到其他温度

$$R_\theta = R_t \frac{235 + \theta}{235 + t}$$

铝绕组换算到其他温度

$$R_\theta = R_t \frac{225 + \theta}{225 + t}$$

式中：R_θ 为温度为 θ℃时直流电阻值，Ω；R_t 为温度为 t℃时直流电阻值，Ω；t 为测量时环境温度，℃；θ 为标准环境温度，一般取 20℃。

（2）三相电阻不平衡率的计算。

$$\eta = \frac{R_{\max} - R_{\min}}{R_{ave}} \times 100\%$$

式中：R_{max} 为三相电阻最大值；R_{min} 为三相电阻最小值；R_{ave} 为三相电阻平均值。

在实际工作中，可以用下式快速简单地计算出三相不平衡率是否超差

$$\eta \approx \frac{R_{max} - R_{min}}{R_{min}} \times 100\%$$

若按上式得出的不平衡率符合要求，则真实不平衡率也符合要求；反之，应计算真实不平衡率。

四、测量绕组直流电阻时的注意事项

（1）测量前应根据变压器的容量大小和变压器电阻设计值的大小选择测量仪器和测量挡位。一般来说，容量大的产品选择充电电流大的测量仪器，这样可以缩短充电时间，保证快速测量的准确性。若不知电阻值的大小，测量时应将电阻测量挡位放大一些，逐渐调到合适的测量挡位，这样可以有效地保护测量仪器，延长仪器的使用寿命。

（2）应严格按照测量仪器使用说明书进行操作，避免误操作和测量过程中导电夹的拉弧现象。

（3）为了减少测量误差，测量过程中各连线和接线应准确无误，最大限度地减少来自各表面接触电阻所产生的影响。

（4）准确地记录测量时的测量温度。测量温度相差 1℃时，电阻值约为±0.4%。

（5）测量完毕后，应及时将实测值与设计值换算到相同温度下进行比较，并计算其电阻不平衡率是否符合相关标准和技术的要求。

第五节　变压器油的试验

油浸变压器在运行中会受到电、热、机械力、化学腐蚀和光辐射等外界因素的影响，致使变压器油和纤维材料逐渐老化变质，分解出微量水分。此外，由于密封不严，潮气和水分也会进入油箱内，使油中的水分逐渐增多。当水分含量超过一定限度时，绝缘性能明显下降，甚至危及变压器的安全。若油中不含固体杂质，当油的含水量在 40ppm（1ppm＝10^{-6}）以下时，一般具有非常高的击穿强度；而当油中含水量超过 100ppm 时，或当油中存在固体杂质，含水量为 5ppm 时，其击穿强度都将下降到很低，有的还可能成为引起绝缘破坏的直接原因。

测量绝缘电阻、泄漏电流和 tanδ 可以定性判定变压器绝缘是否受潮，但不能直接定量地测定变压器油纸中的含水量。目前常见的定量测量变压器微量水分含量的方法有气相色谱分析法和库仑法。

（1）气相色谱分析法。气相色谱分析法测定油中微量水分（简称微水）与测定其他成分一样。首先利用色谱仪中的汽化加热器将注入的油样瞬间汽化，被汽化的全部水分和部分油气被载气带至适当的色谱柱进行分离，然后用热导池检测器来检测，将检测值（水峰高或水峰面积）与已有的含水的标准工作曲线进行比较，就可以得到油样中的水含量。用气相色谱分析法检测液体中的微量水分时，普遍采用饱和值作为水分的定量基准，这种方法的优点是不受环境温度的干扰。饱和值在客观上又是恒定值，所以，只要确保达到了饱和状态即可，操作较为方便。苯中饱和水值和正庚烷中饱和水值可以作为定量基准。前者适用于水浓度大于 100ppm 的液体样品，后者适用于水浓度小于 100ppm 的液体样品。正庚烷和苯中的饱和

水值的峰高与油中水值的含量存在近似线性的对应关系，利用这一关系可以为变压器中的微水含量定量。进行定量分析时，要严格按规定规程操作，否则误差较大。

（2）库仑法。库仑法是一种电化学方法，它是将库仑仪与卡尔·费休滴定法结合起来的方法。当被测试油中的水分进入电解液（即卡尔·费休试剂）后，水参与碘、二氧化硫的氧化还原化学反应，在吡啶和甲醇的混合液中相混合，生成氢碘酸吡啶和甲基硫酸吡啶。在电解过程中，碘分子在电极上产生氧化还原反应，直至水分完全耗尽为止。根据法拉第定律，电解时消耗的碘与电解时消耗的电量成正比。从化学反应式可知，1g 分子碘氧化 1g 分子二氧化硫，需要 1g 分子水。所以 1g 分子碘与 1g 分子水的当量反应，即电解碘的电量相当于电解水所需的电量，即 1mg 水对应于 10.72 电子库仑。根据这一原理，就可以直接从电解的库仑数计算出水的含量。

DL/T 596—2005 规定了变压器油中微水含量标准，见表 5-7。对运行时的变压器，应尽量在顶层油温高于 50℃时采样。

表 5-7　　　　　变压器油中微水含量标准　　　　　（mg/L）

油样	66~110kV	220kV	330~500kV
投运前的变压器油	≤20	≤15	≤10
运行中的变压器油	≤35	≤25	≤15

第六节　变压器的交流耐压试验

交流耐压试验是鉴定绝缘强度最有效的方法，特别对考核主绝缘的局部缺陷，如绕组主绝缘受潮、开裂、绕组松动、绝缘表面污染等，具有决定性作用。

交流耐压试验对于 10kV 以下的变压器每 1~5 年进行一次；对于 66kV 及以下的变压器仅在大修后进行试验，如现场条件不具备，可只进行外施工频耐压试验；对于其他的变压器，只在更换绕组后或必要时才进行交流耐压试验。

变压器更换绕组后的交流耐压试验标准见表 5-8。

表 5-8　　　　　交流耐压试验标准　　　　　（kV）

额定电压	<1	3	6	10	15	20	35	66	110	220	330	500
最高工作电压	≤1	3.5	6.9	11.5	17.5	23.0	40.0	72.5	126	252	363	550
全部更换绕组	3	18	25	35	45	55	85	140	200	360 395	460 510	630 680
部分更换绕组	2.5	15	21	30	38	47	72	120	170 (195)	306 336	391 434	536 578

在变压器注油后进行试验时，需要静置一段时间。通常 500kV 变压器静置时间大于 72h，220kV 变压器静置时间大于 48h，110kV 变压器静置时间大于 24h。

出厂试验电压标准同全部更换绕组的电压标准，而大修后的试验电压标准同部分更换绕组后的试验电压标准。

进行交流耐压试验时，被试变压器的正确接线方式是被试绕组所有套管短路连接（短

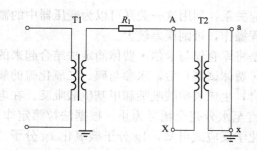

图 5-3　变压器交流耐压试验的正确接线方式
T1—试验变压器；T2—被试变压器

接）并接高压，非被试绕组也要短接并可靠接地，如图 5-3 所示，图中只画出了一组绕组。

当进行交流耐压试验时，变压器的连接方式不正确，可能损坏被试变压器绝缘。

（1）如被试绕组和非被试绕组均被短接时（图 5-4），由于分布电容的影响，在被试绕组对地及非被试绕组将有电流通过，而且沿整个被试绕组的电流不相等，越靠近 A 段电流越大，因而所有线匝间均存在不同的电位差。由于绕组中所流过的是电容电流，因此靠近 X 端的电位比所加的高压高。又因为非被试绕组处于开路状态，被试绕组的电抗很大，所以将导致 X 端电位升高，显然这种接线方式是不允许的，在试验中必须避免。

（2）被试绕组和非被试绕组仅短接时（图 5-5），由于这种接法对被试绕组来说，始末端电流 I_c 的方向是相反的，回路电抗很小，整个绕组对地的电位基本相等，符合试验的要求。但是，对非被试低压绕组来说，由于没有接地而处于悬浮状态，低压绕组对地将具有一定的电压。低压绕组的对地电压将取决于高、低压间和低压对地电容的大小，这时可能出现低压绕组上的电压高于其耐受电压水平，发生对地放电现象。

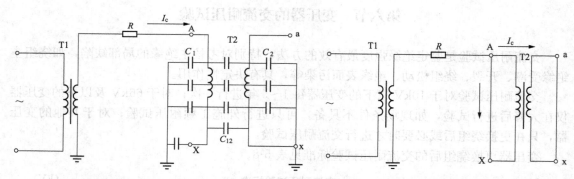

图 5-4　错误接线一：双绕组均被短接　　　　图 5-5　错误接线二：双绕组均仅短接

进行变压器交流耐压试验时，除了发生击穿可以判断变压器存在绝缘故障外，还可以根据试验过程中的一些异常现象来判断是否存在隐含的绝缘缺陷：

（1）在升压阶段或持续时间阶段，发生清脆、响亮的"当当"放电声音（声音很像金属物撞击油箱的声音），这往往是由于油隙距离不够或是电场畸变等所造成的油隙一类绝缘结构击穿所致。而且此时还伴有放电声，电流表指示值产生突变。当重复进行试验时，放电电压下降并不明显。

（2）试验中，若发生较小的"当当"放电声，且仪表摆动不大，在重复试验时放电现象却消失了，这往往是变压器油中有气泡，在电场力的作用下，可能形成一条一定长度的很狭窄的气隙通道，由于气泡的耐电强度比油低，当气隙通道发展到一定长度时，将可能导致气隙通道击穿，最后导致变压器油击穿。如果变压器油中气泡不多，气隙通道放电后缩短了，这时气泡被击穿后，变压器油可能不再击穿。这种局部击穿所出现的放电声音，可能是轻微、断续的，电流表的指示值也不会变动。由气泡所引起的无论是贯穿性的或是局部性的放电，在重复试验中都可能会消失，因为在放电后，气泡容易从上部逸走。

（3）在加压过程中，变压器内部有炒豆般的放电声，而电流表的指示值还很稳定，这可能是由于悬浮的金属件对地放电所致。在制造过程中，铁芯可能没有和夹件通过金属片连接，使铁芯在电场中悬浮，由于静电感应的作用，在一定电压下，铁芯对接地的夹件就开始放电。

第三篇 电力电缆检修与测试

第六章 电力电缆基础知识

第一节 电力电缆的分类

电力电缆制造材料来源丰富，种类众多，综合技术要求电力电缆制造结构简单、经济合理、工艺简易、成本较低。

一、按电力电缆的额定电压等级划分

依照我国输、配电电压等级，电力电缆的额定电压等级依次分为 750kV、500kV、330kV、220kV、110kV、35kV、10kV、1kV、750V、380V 等级，并划分 35kV 及以下电压等级的电力电缆为中低压电力电缆；110、220kV 的电力电缆为高压电力电缆；330、500、750kV 的电力电缆为超高压电力电缆。

二、按电力电缆的绝缘和结构划分

电力电缆按绝缘和结构的不同，可分为纸绝缘电力电缆、挤包绝缘电力电缆和压力电力电缆。

1. 纸绝缘电力电缆

纸绝缘电力电缆是绕包绝缘纸带浸渍绝缘浸渍剂（油类）后形成绝缘的电力电缆，它是使用历史最久的电力电缆，具有使用寿命长、价格便宜、热稳定性高等优点，缺点是制造和安装工艺比较复杂。

根据浸渍剂的不同，纸绝缘电力电缆可以分为黏性浸渍纸绝缘电力电缆和不滴流浸渍纸绝缘电力电缆两个系列。这两个系列电力电缆的结构完全一样，制造过程除浸渍工艺有所不同外，其他均相同。不滴流浸渍纸绝缘电力电缆的浸渍剂黏度大，在工作温度下不滴流，能满足落差较大的地方（如矿山、竖井等）使用。

按不同的绝缘结构，纸绝缘电力电缆主要可分为三芯统包绝缘电力电缆、分相铅套电力电缆和分相屏蔽电力电缆三种。

10kV 三芯统包绝缘电力电缆的结构如图 6-1 所示。35kV 分相铅套电力电缆的结构如图 6-2 所示。

2. 挤包绝缘电力电缆

挤包绝缘电力电缆又称固体挤压聚合电力电缆，它是以热塑性或热固性材料挤包形成绝缘的电力电缆。

目前，挤包绝缘电力电缆有聚氯乙烯（PVC）电力电缆、聚乙烯（PE）电力电缆、交联聚乙烯（XLPE）电力电缆和乙丙橡胶（EPR）电力电缆等。这些电力电缆使用在不同的电压等级，聚氯乙烯电力电缆用于 1～6kV，交联聚乙烯电力电缆用于 1～500kV，乙丙橡胶电力电缆用于 1～35kV。

交联聚乙烯电力电缆是 20 世纪 60 年代以后技术发展最快的电力电缆品种，它与纸绝缘电力电缆相比，在加工制造和敷设应用方面有不少优点。其制造周期较短，效率较高，安装

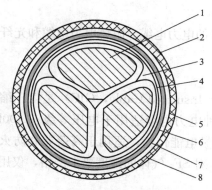

图 6-1　10kV 三芯统包绝缘电力电缆的结构

1—导体；2—绝缘；3—填料；4—统包层；
5—铅包；6—内衬层；7—铠装；8—外护套

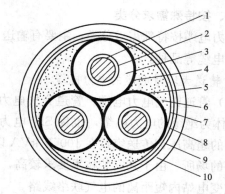

图 6-2　35kV 分相铅套电力电缆的结构

1—导体；2—半导电纸屏蔽；3—绝缘层；4—半导电纸屏蔽；
5—铅包；6—PVC 带；7—麻填料；8—内衬垫；
9—钢带铠装；10—外护套

工艺较为简便，导体工作温度可达到 90℃。由于制造工艺的不断改进，如用干式交联取代早期的蒸汽交联，采用悬链式和立式生产线及红外辐照交联工艺等，使得交联聚乙烯电力电缆具有优良的电气性能，能满足城市电网建设和改造的需要。

35kV 交联聚乙烯电力电缆的结构如图 6-3 所示。

3. 压力电力电缆

压力电力电缆是在电力电缆中灌充能够流动，并具有一定压力的绝缘油或气的电力电缆。在制造和运行过程中，纸绝缘电力电缆的纸层间不可避免地会产生气隙。气隙在电场强度较高时会出现游离放电，最终导致绝缘层击穿。压力电力电缆的绝缘处在一定压力（油压或气压）状态下，抑制了绝缘层中形成气隙，使电力电缆绝缘工作场强明显提高。由于其成本高，施工难度大，所以一般用于 63kV 及以上电压等级的电力电缆线路。

为了抑制气隙，用带压力的油或气填充或压缩气体，这是压力电力电缆的结构特点。压力电力电缆可分为自容式充油电力电缆、充气电力电缆、钢管充油电力电缆和钢管压气电力电缆等品种。220kV 单芯自容式充油电力电缆的结构如图 6-4 所示。

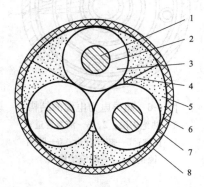

图 6-3　35kV 交联聚乙烯电力电缆的结构

1—导体；2—内半导电层；3—交联聚乙烯绝缘；
4—外半导电层；5—填料；6—铜屏蔽；
7—包带；8—外护层

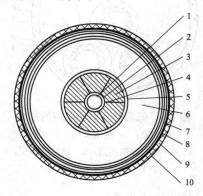

图 6-4　220kV 单芯自容式充油电力电缆的结构

1—油道；2—螺旋管；3—导体；4—分隔纸带；
5—内屏壁纸；6—绝缘层；7—外屏壁纸；
8—铅护套；9—加强带；10—外护套

三、按特殊需求分类

电力电缆按特殊需求分类，主要有输送大容量电能的电力电缆、阻燃电力电缆和光纤复合电力电缆等品种。

1. 输送大容量电能的电力电缆

（1）管道充气电力电缆。管道充气电力电缆（Gas Insulated Cable，GIC）是以压缩的 SF_6 气体为绝缘的电力电缆，也称 SF_6 电力电缆。这种电力电缆适用于电压等级在 400kV 及以上的超高压、传送容量在 100 万 kVA 以上的大容量电能传输，适用于高落差和防火要求较高的场所。由于其安装技术要求较高，成本较大，对 SF_6 气体的纯度要求严格，仅用于电厂或变电站内短距离的电气联络线路。

（2）低温有阻电力电缆。低温有阻电力电缆是采用高纯度的铜或铝作为导体材料，使其处于液氮温度（77K）或者液氢温度（20.4K）状态下工作的电力电缆。在极低温度下，导体材料的电阻随绝对温度急剧降低。利用导体材料的这一性能，将电力电缆深度冷却，从而满足传送大容量电能的需要。

（3）超导电力电缆。超导电力电缆是以超导金属或超导合金为导体材料，使其处于临界温度、临界磁场强度和临界电流密度条件下工作的电力电缆。在超导状态下，导体的直流电阻为零。因此，可以大大提高电力电缆的输送容量，减小损耗。

低温有阻电力电缆和超导电力电缆与周围媒介之间，都必须有可靠、严密的绝热层，通常采用"超级热绝缘"，即以真空喷涂铝层的聚酯薄膜和尼龙编织网组成。低温有阻电力电缆和超导电力电缆的结构分别如图 6-5 和图 6-6 所示。

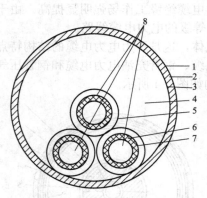

图 6-5　低温有阻电力电缆的结构

1—外护层；2—热绝缘层；3—钢管；
4、8—冷却媒质通道；5—静电屏蔽层；
6—绝缘；7—线芯

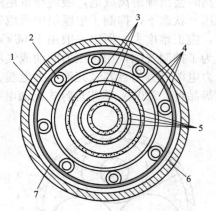

图 6-6　超导电力电缆的结构

1—热绝缘层；2、3—液氮管道；
4—真空；5—超导合金；6—防腐
蚀钢管；7—超级绝缘层

2. 阻燃电力电缆

阻燃电力电缆有一般阻燃电力电缆和高阻燃电力电缆两种。

（1）一般阻燃电力电缆。一般阻燃电力电缆是以材料氧指数不小于 28 的聚烯烃作为外护套，能够阻滞延缓火焰沿着其外表蔓延，使火灾不扩大的电力电缆，其产品型号为 ZR。

在电力电缆比较密集的隧道、竖井或电力电缆层中，为防止电力电缆着火酿成严重事故，应选用一般阻燃电力电缆。考虑到一旦发生火灾，消防人员能够及时进行扑救，有条件时，应选用低烟无卤或低烟低卤护套的阻燃电力电缆，减少有害气体的排放。

（2）高阻燃电力电缆。其产品型号为 GZR，是具有特殊结构的阻燃电力电缆，用于防火要求特别高的场所。其结构特点是，在绝缘芯和外护套之间挤填了一层无机金属化合物。当遇火时，这层化合物立即分解，析出结晶水，并生成一层不可燃、不熔融的胶状金属氧化物，包敷在绝缘外，隔绝氧气，阻止燃烧。因此，这种电力电缆又称为高阻燃隔氧层电力电缆。

3. 光纤复合电力电缆

光纤复合电力电缆将光纤组合在电力电缆的结构层中，使其同时具有电力传输和光纤通信功能。光纤复合电力电缆集两方面功能于一体，因而降低了工程建设投资和运行维护总费用，具有明显的技术经济意义。在制造过程中，这种电力电缆将光纤与三相电力电缆一起成缆，光纤位于三相电力电缆芯的空隙间，得到电力电缆铠装和外护套的机械保护。

第二节　电力电缆接头的结构特点

在输配电线路中，完整的电力电缆线路是由电力电缆本体和电力电缆接头两大部分组成的，电力电缆接头是电力电缆线路的重要组成部分。在电力电缆安装敷设及运行过程中，电力电缆接头的故障率往往比本体的故障率高得多，因此了解和分析电力电缆的接头情况非常有必要。

一、终端接头

终端接头用于连接电缆与输配电线路及相关配电装置，它与电缆一起构成电力输送网络。电缆终端头电缆附件主要是依据电缆结构的特性，既能恢复电缆的性能，又保证电缆长度的延长及终端的连接。终端头按其制作类型一般分为热缩端头和冷缩终端头，按其应用环境分为户内终端头和户外终端头。

（1）10kV 三芯热缩终端接头的结构如图 6-7 所示。

（2）10kV 三芯冷缩终端接头的结构如图 6-8 所示。

二、中间接头

中间接头主要有绕包型、热收缩型、冷收缩型电力电缆中间接头三种。

（1）绕包型电力电缆中间接头，如图 6-9 所示。绕包型电力电缆中间接头的绝缘及半导电屏蔽层都采用以橡胶为基材的自黏性带绕包制成，主要适用于 35kV 及以下中低压挤包绝缘电力电缆。

（2）热收缩型电力电缆中间接头，如图 6-10（a）所示。热收缩型电力电缆中间接头是电力电缆的中间接头由一套热收缩型电力电缆附件经过完整的工艺制作而成。热收缩型电力电缆附件是由橡塑材料经过特殊工艺加工而成的。由于制作工艺及过程相对简单，因此广泛应用于不同耐压等级的各种橡塑电力电缆的中间接头。

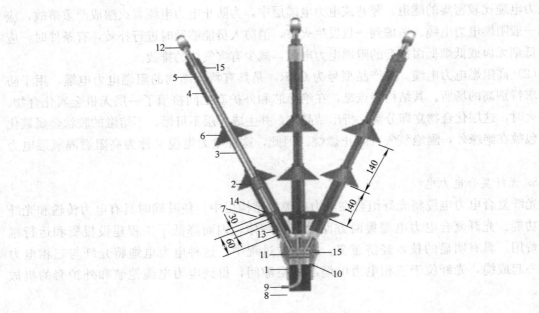

图 6-7　10kV 三芯热缩终端接头的结构（图中长度单位为 mm）

1—热缩支套；2—应力管；3—绝缘管；4—密封管；5—标记管；6—单孔雨裙；7—三孔雨裙；
8—电缆外护套；9—地线；10—钢铠；11—铜扎线；12—接线端子；13—铜屏蔽层；
14—半导体层；15—填充胶

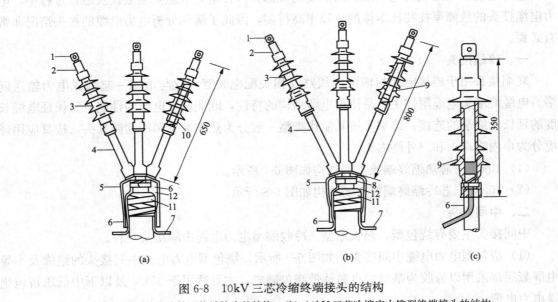

(a)　　　　　　　　　　　(b)　　　　　　(c)

图 6-8　10kV 三芯冷缩终端接头的结构

（a）10kV 三芯冷缩应力管型终端接头的结构；（b）10kV 三芯冷缩应力锥型终端接头的结构；
（c）10kV 单芯冷缩终端接头的结构

1—端子；2—密封管；3—终端管；4—绝缘管；5—支套；6—屏蔽地线；7—钢铠地线；
8—恒力弹簧；9—应力锥；10—应力管；11—PVC 胶带；12—填充胶

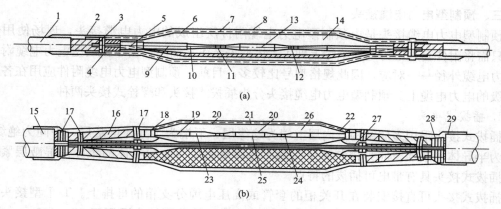

图 6-9 绕包型电力电缆中间接头

（a）单芯电缆中间接头；（b）三芯电缆中间接头

1、15—电缆外护层；2、16—金属屏蔽层；3、27—过桥地线；4、17—绑扎铜线；

5、18—电缆外半导电层；6、20—自黏性半导电带；7、21—铜屏蔽网；8、23—热收缩管；

9、19—电缆绝缘层；10、24—反应力锥；11、25—电缆内半导电层；12—电缆线芯；

13、27—导体连接管；14、26—自黏性绝缘带；22—防水层；28—电缆内衬层；29—电缆铠甲

（3）冷收缩型电力电缆中间接头，如图 6-10（b）所示。冷收缩型电力电缆中间接头是电力电缆的中间接头由一套冷收缩型电力电缆附件经过完整的工艺制作而成。通常由硅橡胶或乙烯、丙烯橡胶制成可自然收缩部件，通过衬以螺旋状的塑料支撑条以保证附件使用前的内径及形状。在现场安装使用时，只要将相关附件套在电力电缆的中间接头相应部位，用手抽出塑料支撑条，橡胶附件便会紧密地收缩在电力电缆的相应部位上，整个过程无需加热，安装工艺简单。目前，冷收缩电力电缆附件主要应用于 35kV 及以下等级的电力电缆上。

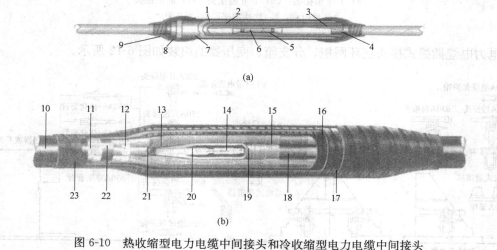

图 6-10 热收缩型电力电缆中间接头和冷收缩型电力电缆中间接头

（a）热收缩型电力电缆中间接头；（b）冷收缩型电力电缆中间接头

1—外绝缘管；2—内绝缘管；3—应力管；4—半导电层；5—半导电带、应力带；6—连接管；

7—半导电绝缘复合管；8—防水密封胶；9—半导电管；10—外护套；11—铜铠；12—恒力弹簧；

13—外半导电层；14—导体连接管；15—编织钢网；16—PVC 带；17—防水带；18—地线；

19—冷缩中间接头管；20—芯绝缘；21—铜屏蔽；22—内护套；23—铠装带

三、预制型电力电缆接头

预制型电力电缆接头是由预制型电力电缆附件所组成的电力电缆接头，现场使用安装时，只需将附件套入电力电缆绝缘上即可，因此安装工艺简单。由于预制型电力电缆附件要与电力电缆外径——对应，因此规格型号比较多。目前，预制型电力电缆附件应用在各个电压等级的电力电缆上。预制型电力电缆接头分为插拔式接头和螺栓式接头两种。

1. 插拔式接头

插拔式接头采用多层结构，内层上端为绝缘层、下端为半导体屏蔽层、中间为绝缘层、外层为半导体屏蔽层。应力控制体下端的半导体屏蔽层与电缆本体的半导体屏蔽层紧密接触，插拔式接头具有带电可插拔的特点。

插拔式接头可直接安装在开关柜的套管或高压电缆分支箱的母排上。T-Ⅰ型接头适用于 35～600mm² 电缆，其后端可连接可触摸型电缆；T-Ⅱ型接头适用于 35～400mm² 电缆，可连接可触摸型电缆；肘型分支接头适用于 35～120mm² 电缆，组成多分支进出线。插拔式接头的结构如图 6-11 所示。

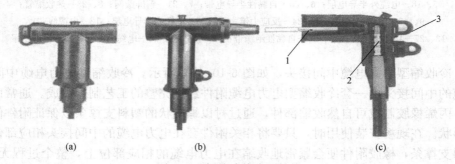

图 6-11　插拔式接头的结构
（a）T-Ⅰ型接头；（b）T-Ⅱ型接头；（c）肘型接头
1—导电杆；2—接线端子；3—操作孔

电力电缆插拔式接头在环网柜、分支箱、变压器的组装如图 6-12 所示。

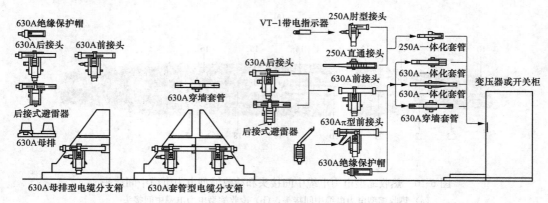

图 6-12　电力电缆插拔式接头在环网柜、分支箱、变压器的组装

2. 螺栓式接头

螺栓式接头采用多层结构，内层上端为绝缘层。下端为半导体屏蔽层、中间为绝缘层，

外层为半导体屏蔽层。应力控制体下端的半导体屏蔽层与电缆本体的半导体屏蔽层紧密接触，螺栓式接头依靠螺栓连接，不具有拔插的特点。

螺栓式接头可直接安装在开关柜的套管上或高压电缆分支箱的母排上，前接头适用于 35～400mm² 电缆，前接头的后端可连接可触摸型电缆后接头；后接头适用于 35～400mm² 电缆，可连接可触摸肘型避雷器接头，组成多分支进出线。螺栓式接头的结构如图 6-13 所示。

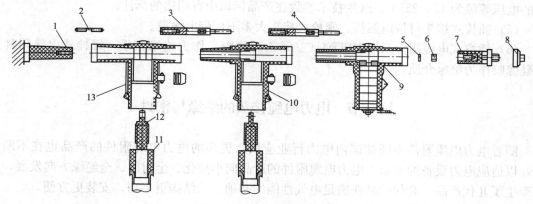

图 6-13　螺栓式接头的结构

1—设备套管；2—双头螺栓；3—连接螺柱；4—连接螺柱；5—平垫片；6—螺母；7—绝缘塞；
8—后盖；9—后接式避雷器；10—后接头；11—应力锥；12—压接端子；13—前接头

电力电缆螺栓式接头在环网柜、分支箱、变压器的组装如图 6-14 所示。

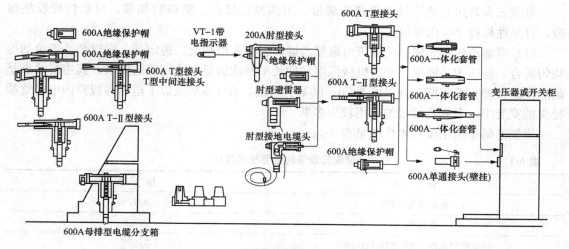

图 6-14　电力电缆螺栓式接头在环网柜、分支箱、变压器的组装

插拔式接头和螺栓式接头的区别如下。

（1）螺栓式电缆接头严格按照 DIN 47636-7-1990 标准执行，必须通过 IEC 60502 及 GB 12706 标准定型式试验。插拔式电缆接头完全按照 ANSI IEEE Std386-2006 标准要求设计，能和所有采用及达到 ANSI、IEEE Std386-2006 标准的产品实现互换，极大提高产品适用

范围。

（2）由于在外形尺寸上存在差别，插拔式接头和螺栓式接头两者的产品系列不能进行互换，即插拔式接头只能与插拔式套管匹配，螺栓式接头只能与螺栓式套管匹配。

（3）这两种接头的额定电流等级不同：螺栓式接头的电流等级为 630、250A，插拔式接头的电流等级为 600、200A。

（4）两种接头的额定电压等级也不同：螺栓式接头的电压等级为 12、24kV，插拔式接头的电压等级为 15、25kV。这些技术参数在产品标识中有明确的标注。

（5）插拔式接头可带电触摸，螺栓式接头大多不可带电触摸。

（6）插拔式电缆附件采用 EPDM（三元乙丙橡胶）作为绝缘介质，螺栓式电缆附件采用硅橡胶作为绝缘介质。

第三节　电力电缆接头的绝缘与密封

随着电力电缆附件不断被国内电力行业应用，更多的电力电缆附件的产品也在不断升级，以适应电力设备的要求。电力电缆附件的产品向小型化、全封闭、全绝缘方向发展，为此产生了Ⅱ代产品。Ⅱ代产品在满足电气性能的基础上，结构更小巧，安装更方便。

一、电缆接头的绝缘

制作电缆三头的绝缘材料主要包括绝缘带、绝缘管等，这些绝缘材料性能的优劣与电缆三头能否安全运行直接相关。因此，要求制作电缆三头所使用的绝缘材料具有良好的物理性能和稳定的化学性能。

1. 绝缘带

电缆三头常用的绝缘带有聚氯乙烯带、聚四氟乙烯带、塑料胶黏带、自黏性橡胶绝缘带、自黏性橡胶半导电带等。

（1）聚氯乙烯带。聚氯乙烯带由聚氯乙烯树脂加入增塑剂、稳定剂、润滑剂、着色剂等均匀混合、挤压加工而成。它的机械强度和伸长率都能满足电缆三头的要求，其主要缺点是耐热性能较差。其长期允许温度为 70~80℃。目前，在 10kV 及以下电压等级户内电缆终端接头的安装中，聚氯乙烯带的应用较为多见。

聚氯乙烯带的主要技术性能见表 6-1。

表 6-1　　　　　　　　　　　　　　聚氯乙烯带的主要技术性能

项　　目	指　　标
抗张强度/MPa	≥17.65
伸长率/%	≥200
体积电阻系数（20℃时）/(Ω/cm)	≥10^{12}
吸水性（20℃时，在蒸馏水中浸 24h）/%	≤1
耐寒性/℃	≤40
针入度（20℃，5kg/cm² 时经 30min）/mm	≤1.5
击穿强度/(kV/m)	≥$14×10^3$

（2）聚四氟乙烯带。聚四氟乙烯带是在电缆三头制作中采用的优质绝缘材料，它具有优

良的绝缘性能和耐电弧性能，不吸水，化学性能稳定，在浓酸、浓碱及各种溶剂和强氧化剂中都不起反应。它具有足够的抗张强度，耐寒性好，能承受−150℃的温度，在−170℃下仍保持柔软状态。

值得强调的是，当温度超过180℃时，聚四氟乙烯薄膜将产生具有强烈毒性的气态氟化物，人吸入后会损坏呼吸道和肺脏。因此，使用聚四氟乙烯带时，必须严格管理，不得使其碰及火焰。

聚四氟乙烯薄膜有不定向薄膜和定向薄膜两种。不定向薄膜由聚四氟乙烯树脂经模压后烧结而成，定向薄膜由聚四氟乙烯树脂经模压后定向加工而成。两者相比较，定向薄膜具有更好的抗张强度和交流击穿强度，因而更适宜作为电缆三头的绕包绝缘材料。

聚四氟乙烯定向薄膜的主要技术性能见表6-2。

表 6-2　　　　　　　　　　　　聚四氟乙烯定向薄膜的主要技术性能

型号 性能		SFM-1	SEM-2		SFM-3
		定向	定向	半定向	定向
抗张强度/MPa≥		29.43	29.43	14.72	29.43
伸长率/%≥		30	30	50	30
1MHz 时 tanδ≤	＞10μm 厚	2.5×10^{-4}	—	—	2.5×10^{-4}
	≤10μm 厚	3.5×10^{-4}	—	—	3.5×10^{-4}
1MHz 时介电系数		1.8~2.2	—	—	1.8~2.2
体积电阻系数/(Ω·cm)		10^{17}	10^{16}	10^{16}	10^{16}
击穿强度/(kV/m)	平均	200×10^3	100×10^3	50×10^3	60×10^3
	最低	40×10^3	—	—	—

（3）塑料胶黏带。塑料胶黏带是以聚氯乙烯塑料薄膜或聚乙烯塑料薄膜为底材，涂以胶黏剂而成。其有一定的黏性、防潮密封性和电气绝缘性，主要用作橡塑绝缘电力电缆三头自黏性绕包绝缘带的外层保护和工艺性黏接固定用，对3kV及以下电压等级塑料绝缘电力电缆三头也可用作绝缘。目前，市场供应的塑料胶黏带，其抗污能力、抗日照能力等较差，因此电缆接头不能将塑料胶黏带作为长期密封用。

塑料胶黏带的性能参考指标见表6-3。

表 6-3　　　　　　　　　　　　塑料胶黏带的性能指标

项　　目		指　标
抗张强度/MPa	原始值	＞9.81
	热老化100℃，100h后	＞9.81
断裂伸长率/%	原始值	＞150
	热老化100℃，100h后	＞80
体积电阻系数/(Ω·cm)		1011
耐压试验（2kV，1min）		通过
耐寒性/℃		−20
长期允许使用温度/℃		70

（4）自黏性橡胶绝缘带。自黏性橡胶绝缘带是一种具有自黏性的带状胶粘材料，它以丁基橡胶、聚异丁烯、聚乙烯为基础，配合适量的增黏剂、填料、防老剂和硫化剂，经均匀混合压延和局部硫化而成。其特点是在拉伸后绕包于需要绝缘和保护的物体上，经过一定的时间，在室温下就能自黏成一个整体或近似一个整体，从而起到电缆三头的绝缘和防水密封作用。自黏性橡胶绝缘带的主要缺点是在空气中易产生龟裂，因此在其绕包的外面必须覆盖两层聚氯乙烯带。

目前，自黏性橡胶绝缘带已成为 10kV 及以下电压等级橡塑绝缘电力电缆三头的主要绝缘和密封绕包材料，并在 10kV 及以下电压等级的油浸纸绝缘电力电缆三头中也得到了一定程度的应用，其主要技术性能见表 6-4。

表 6-4　　　　　　　　　　　自黏性橡胶绝缘带的主要技术性能

项　　目		指　　标
耐臭氧		良好
体积电阻系数/$\Omega \cdot cm$		$>10^{14}$
击穿强度/(kV/m)		$>20 \times 10^3$
介质损耗 $\tan\delta$		<0.02
抗张强度/MPa	老化前	>0.981
	老化后	>0.981
断裂伸长率/%	老化前	>400
	老化后	>350
耐热冲击（150V）		良好

（5）自黏性橡胶半导电带。自黏性橡胶半导电带也是一种具有自黏性的带状胶黏材料，它的配方和生产工艺基本上与自黏性橡胶绝缘带相似。经拉伸绕包后，在室温下，经一定的时间，也具有自黏成一个整体或近似一个整体的特性，即具有一定的防水密封性。

自黏性橡胶半导电带主要用于橡塑绝缘电力电缆三头的半导电层恢复、金具压坑的修平和密封处。

2. 绝缘管

用于电力电缆三头制作的绝缘管主要有热收缩管和冷收缩管两种。

（1）热收缩管。热收缩管和其他热收缩预制件，是利用高分子聚合物材料弹性记忆效应的原理研制而成的，在使用过程中对其加热，可使其收缩紧箍在所需的位置上。

热收缩材料具有耐热、耐芳香烃、耐应力开裂，以及防腐蚀、防潮、寿命长、抗放射性污染等一系列优点。因此，近年来已广泛应用在 35kV 及以下电压等级电力电缆的三头制作中，使电力电缆的三头突破了陈旧式的绕包与浇注式工艺。热收缩材料的应用是电力电缆三头工艺的一项重要突破，使电缆三头工艺大为简化，并且轻巧、廉价、便于维护。热收缩管的主要技术性能见表 6-5。

（2）冷收缩管。冷收缩管和其他冷收缩预制件，是以硅橡胶或三元乙丙橡胶为主要原料，经特殊配方合成后，预扩张在螺旋支撑芯线上而成。冷收缩管在安装使用时，无须任何外部热源，只要拉开支撑芯线就会收缩，并紧箍在所需的位置上。

表 6-5		热收缩管的主要技术性能		
项目	指标	项目	指标	
收缩率/%	80	连续使用温度/℃	<90	
收缩温度/℃	110～150	密封强度/MPa	0.39	
拉伸强度/MPa	10.30～10.79	介质损失角正切 $\tan\delta$/%	0.1～0.21	
断裂伸长率/%	200～400	介电系数 ε	2.38～2.48	
拔出强度/MPa	>0.49	体积电阻系数/($\Omega\cdot cm$)	1.2×10^{16}～1.6×10^{17}	
脆化温度/℃	<-60	击穿强度/(kV/mm)	26～28	

冷收缩材料的主要成分决定了冷收缩预制件具有优良的电气性能和物理性能，其抗污能力强，在很大的温度范围内仍然保持高弹性，是 35kV 及以下电压等级橡塑绝缘电力电缆三头的理想材料。

二、电缆接头的密封

密封工艺的质量直接牵涉到电缆三头能否安全运行，所以必须确保电缆三头的密封可靠。对电缆三头密封质量的要求是：必须确保隔绝电缆三头内部与外界的一切联系，以有效地防止外界水分和导电介质的侵入。

电缆三头的密封方法有许多，如封焊、环氧树脂密封、自黏性橡胶带绕包密封、热（冷）收缩预制件密封等。

（1）封焊。电力电缆的金属护套有铅包和铝包两种，它们的封焊方法大致如下。

1）铅包的封焊。

a. 涂擦法。用汽油喷灯或丙烷枪加热封铅部位，同时熔化封铅焊条，将焊料黏牢在封铅部位上，并用汽油喷灯或丙烷枪继续加热，同时用浸过硬脂酸或牛、羊油的抹布将封铅加工成所需的形状与尺寸。

b. 浇焊法。将熔缸内熔化的焊料用铁勺浇到封铅部位，并用浸过硬脂酸或牛、羊油的抹布沿铅套筒周围来回揉拭，边浇边揉。待焊料有适当的堆积量以后，再用汽油喷灯或丙烷枪将堆积的焊料加热变软，并揉拭成所需的形状与尺寸。

以上两种工艺方法相比，浇焊法成型速度快、黏合紧密而牢固，焊料加热时间短，有利于节省能源和避免绝缘烧焦。但是，浇焊法需要熔缸、铁勺等器具熔化焊料，施工中比较麻烦。

2）铝包的封焊。

铝包电缆的封焊不同于铅包电缆的封焊，封铅焊料不能直接搪在铝包表面，必须先在铝包表面加一层焊接底料。常用的焊接底料以锌、锡为主要成分，锌能够与铝形成表面共晶合金；而锡能使焊接底料熔点降低，流动性好。因此，铝包封焊用的焊接底料常被称为锌锡合金底料。

目前主要推荐低温反应蜡焊法处理铝包电缆焊面，所用材料是 HL734 型铝焊药和铝焊条。焊药的熔点为 145～160℃，在 220～270℃即发生反应，反应时能有效地去除氧化铝膜，并在铝表面生成锌锡合金层，以防止氧化铝膜的再生，使焊接能顺利进行。

其焊接工艺步骤如下：

a. 清除焊接部位表面污垢，并用钢丝刷把铝包表面刷亮。

b. 把焊药表面的保护蜡及塑料壳削去一段，然后用汽油喷灯或丙烷枪把铝包焊接处周围均匀加热至 145～160℃（需要 1～2min），涂上焊药。温度的掌握以焊药涂上后能立即熔融呈现黄色胶状为准，并均匀分布于焊接表面。

c. 继续用汽油喷灯或丙烷枪加热，焊药即与铝反应，开始起泡，随后大量冒白烟，此时温度为 220～270℃。

d. 停止加热，待白烟冒尽后，立即用干净抹布拭去反应后的残渣，焊接处应露出发亮而均匀的锌锡合金镀层。若镀层发亮不均匀，可用细纱布将其擦去，重新操作，直到发亮均匀为止。若镀层表面有黑色斑迹，则趁热用铝焊条擦去即可。

e. 在上述发亮镀层上，用熔点 210℃左右的铝焊条（锌锡合金）进行打底。

f. 最后用封铅焊料进行封焊或焊接地线，其焊接工艺同铅包电缆的焊接工艺。

（2）环氧树脂密封。制作电缆三头用的环氧树脂主要是二酚基丙烷环氧树脂，简称环氧树脂。其为一种热塑性树脂，在一定的温度下，加入适量的固化剂，能成为遇水不溶、遇热不熔的热固性塑料。环氧树脂塑料具有优异的电气性能和机械强度，成型工艺简单，与电缆金属护套有较强的黏合能力，是一种比较好的密封材料。

环氧树脂密封就是利用环氧树脂复合物与铅（铝）包或接线端子等有良好的黏着力来达到密封的目的。其密封的质量主要取决于铅（铝）包或接线端子黏结面的处理情况，处理不好，黏结不良，就会导致密封失效。

铅（铝）包或接线端子黏结部分的处理要既干净，又粗糙。接线端子的黏结面可在压接以后进行，而铅（铝）包黏结面的处理必须在剖铅（铝）前进行。处理好的黏结面应用塑料带或白纱带绕包做临时保护。

值得指出的是，环氧树脂配制过程中，应适当控制固化剂的含量。固化剂含量较低时，树脂固化时间长或根本不固化；固化剂含量过高时，在固化反应过程中会形成大量的气孔，从而降低电气与力学性能，同时，气孔也将造成密封失效。

（3）自黏性橡胶带绕包密封。自黏性橡胶带绕包密封，就是利用自黏性橡胶带良好的自黏性，绕包电缆三头的增绕绝缘，经过一定的时间（约 24h）自黏成一个整体，从而起到密封的作用。

自黏性橡胶带绕包密封结构远不如环氧树脂密封结构，因此，自黏性橡胶带绕包密封结构只适用于橡塑绝缘电力电缆的三头制作。由于其机械强度低，耐光及抗老化性能差，易龟裂，因此不能作为表面绝缘材料来使用，必须在其外面再缠绕两层黑色聚氯乙烯带作为保护层。

自黏性橡胶带在绕包时，应拉伸 100％左右、半搭盖绕包，这样绕包的效果才紧固、服帖，自黏性好，密封可靠。

（4）热（冷）收缩预制件密封。热（冷）收缩预制件密封具有结构简单、工艺方便、轻巧、美观、易于维护等优点，因此在国内外已被广泛采用。

热（冷）收缩预制件具有良好的绝缘性能。当使用热收缩预制件作密封材料时，应使其内壁涂有热熔胶，或在密封处涂刷热熔胶，这样在加热收缩时热熔胶熔化，能够起到填充气隙和胶黏的作用，从而达到完全密封的目的。当使用冷收缩预制件作密封材料时，必须事先在密封部位绕包足够的密封胶，然后套上冷缩管，抽去螺旋支撑，将冷缩管固定在所需部位，起到绝缘和密封的作用。

需要注意的是，热（冷）收缩预制件，尤其冷收缩预制件的机械强度较差，在施工和运行中应严格避免利器的划伤等机械伤害，以免造成绝缘与密封的失效。

第七章 交联电缆热缩接头制作工艺

本章介绍了10、35kV单芯和三芯交联电缆热缩终端头和中间接头制作工艺，所介绍的热缩电缆三头制作工艺具有普遍的指导意义。但针对某一特定的热缩电缆附件，在施工中应注意以下几点：

(1) 10kV及以下户内头可不切削反应力锥。

(2) 户外头必须做防水处理。

(3) 中间头可不装金属护套，外加保护壳。

(4) 双地线结构中铜屏蔽层和钢铠分别接零和接地，并且中间头使用绝缘地线。

(5) 制作工艺如与产品工艺单不符，应按产品工艺单施工。

第一节 10kV单芯交联电缆热缩终端接头制作工艺

10kV单芯交联电缆热缩终端头制作工艺如下。

(1) 剥切外护套。按图7-1所示尺寸，剥切外护套。

(2) 安装地线。在外护套切口的30mm处，用铜绑线将地线扎紧在铜屏蔽层上并焊牢。

注意：扎丝不少于两道，焊面不小于圆周的1/3，焊点及扎丝头应处理平整，不应留有尖角、毛刺。

(3) 剥切铜屏蔽层。按图7-2所示尺寸，保留外护套切口50mm以内的铜屏蔽层，用聚

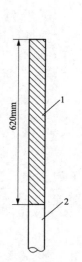

图 7-1 10kV 单芯交联
电缆终端接头剥切图
1—铜屏蔽；2—外护层

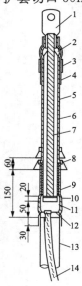

图 7-2 10kV 单芯电缆终端接头剖面图（mm）
1—接线端子；2—防水密封胶；3—相色管；4—端子密封管；
5—绝缘管；6—线芯绝缘；7—导体线芯；8—单孔防雨裙；9—应力管；
10—半导电层；11—铜屏蔽；12—铜绑线；13—外护层；14—接地线

氯乙烯自黏带临时固定，其余剥除。注意：切口应平齐，不得留有尖角。

（4）剥切外半导电层。按图7-2所示尺寸，保留铜屏蔽切口20mm以内的半导电层，其余剥切。注意切口应平齐，不留残迹（用清洗剂清洁绝缘层表面），切勿伤及主绝缘层。

（5）固定应力管。剥除临时固定胶带，搭接铜屏蔽层20mm，并从该点起加热固定。注意加热火焰朝收缩方向，软硬适中并不断旋转、移动。

（6）剥切主绝缘层。在线芯端部切除端子孔深加5mm长度的主绝缘层。注意不得伤及导电线芯。

（7）切削反应力锥。自主绝缘断口处量取40mm，削成35mm锥体，留5mm内半导电层。注意：要求锥体圆整。

（8）绕包密封胶。在清理干净的地线和外护套切口处朝电缆方向绕包一层50mm宽的密封胶。

（9）固定绝缘管。先将绝缘层表面清理干净，再在绝缘层表面均匀地涂一层硅脂，然后套上绝缘管。搭盖外护套60mm，并从此处开始加热收缩。注意火焰朝收缩方向，禁止使用硬火，加热收缩时火焰应不断旋转、移动。

（10）压接端子。每个端子压两道。注意压接后应去除尖角、毛刺。

（11）包绕密封胶。在反应力锥处包绕密封胶。注意绕包后外径应略大于电缆外径。

（12）固定密封管。将密封管套至端子与绝缘连接处，从端子侧开始加热收缩。注意密封处应预先打磨并包胶。

（13）固定相色管。将相色管套在密封管上，加热固定。户内头安装完毕。

（14）固定防雨裙。按图7-2所示尺寸，加热防雨裙颈部，固定在绝缘管上。户外头安装完毕。

第二节　10kV单芯交联电缆热缩中间接头制作工艺

10kV单芯交联电缆热缩中间接头制作工艺如下。

（1）校直电缆。将电缆校直，两端重叠200～300mm确定接头中心后，在中心处锯断。注意清洁电缆两端外护套各2m。

（2）剥切外护套。按图7-3所示尺寸，剥切外护套。

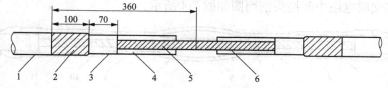

图7-3　10kV单芯交联电缆中间接头剥切图（mm）

1—外护套；2—铜屏蔽；3—外半导电层；4—线芯绝缘；5—导电线芯；6—内半导电层

（3）剥切铜屏蔽层。自线芯切断处向两边各量取260mm，用聚氯乙烯自黏带临时固定后剥切铜屏蔽层。注意切口应平齐，不得留有尖角。

（4）剥切外半导电层。如图7-3所示尺寸，保留铜屏蔽切口70mm以内的半导电层，其余剥切。注意切口应平齐，不留残迹（用清洗剂清洁绝缘层表面），切勿伤及主绝缘层。

（5）固定应力管。剥除临时固定胶带，搭接半导电层50mm，并从该点起加热固定。

注意加热火焰朝收缩方向，软硬适中并不断旋转、移动。

（6）绕包防水密封胶。在应力管前端包绕防水密封胶，使台阶呈平滑过渡。

（7）套入管材。将密封护套管、绝缘管、复合管及屏蔽铜网等预先套在两端电缆上。注意不得遗漏。

（8）剥除主绝缘层。在线芯端部切除 1/2 接管长加 5mm 长度的主绝缘层。注意不得伤及导电线芯。

（9）切削反应力锥。自主绝缘断口处量取 40mm，削成 35mm 锥体，留 5mm 内半导电层。注意要求锥体圆整。

（10）压接连接管。将电缆对正后压接连接管，两端各压两道。注意压接后应去除尖角、毛刺，压坑应用半导电带填平。

（11）绕包半导电带。用半导电带填平连接管的压坑，并与两端电缆的内半导电层搭接。注意绕包层表面应连续、光滑。

（12）绕包普通填充胶。在连接管两端的反应力锥之间绕包普通填充胶或 J_{20} 绝缘带，绕包外径应略大于电缆外径（厚度约 7mm）。注意绕包层表面应连续、光滑。

（13）固定复合管。复合管在两端应力控制管之间对称安装，并由中间开始加热收缩固定。注意火焰朝收缩方向，禁止使用硬火，加热收缩时火焰应不断旋转、移动；冬期施工时，内层需事先预热。

（14）绕包防水密封胶。在复合管两端的台阶处绕包防水密封胶，使台阶平滑过渡。注意绕包层表面应连续、光滑。

（15）绕包半导电带。在防水密封胶上面覆盖一层半导电带，两端各搭接复合管及电缆外半导电层不少于 20mm。注意绕包层表面应连续、光滑。

（16）安装屏蔽铜网。用铜扎丝将屏蔽铜网一端扎紧在电缆铜屏蔽层上，沿接头方向拉伸收紧铜网，使其紧贴在绝缘管上至电缆接头另一端的铜屏蔽层，用铜丝扎紧后翻转铜网并拉回原端扎牢。最后在两端扎丝处将铜网和铜屏蔽层焊牢。注意扎丝不少于两道，焊面不小于圆周的 1/3，焊点及扎丝头应处理平整，不应留有尖角、毛刺。

（17）固定密封护套管。将密封护套管套至接头的中间，并从密封护套管的中间开始向两端加热收缩。注意密封处应预先打磨并涂胶，胶宽度不少于 10mm。

10kV 单芯交联电缆中间接头剖面图如图 7-4 所示。

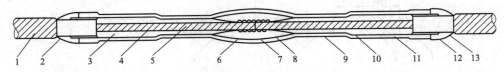

图 7-4　10kV 单芯交联电缆中间接头剖面图

1—铜屏蔽；2—外半导电层；3—绝缘层；4—内半导电层；5—电导线芯；6—连接管；7—J_{20} 绝缘带；
8—半导电带；9—半导/绝缘复合管；10—防水密封胶；11—应力管；12—防水密封胶；13—半导电带

第三节　10kV 三芯交联电缆热缩终端接头制作工艺

（1）剥切外护套。按图 7-5 所示尺寸，剥切外护套。

（2）剥切铠装层。自外护套切口处保留 50mm（去漆），用铜绑线绑扎固定，其余剥切。注意切割深度不得超过铠装厚度的 2/3，切口应平齐，不应有尖角、锐边，切割时勿伤内层结构。

（3）剥切内衬层及填充物。自铠装切口处保留 20mm 内衬层，其余及其填充物剥切。注意不得伤及铜屏蔽层。

（4）安装地线。用铜绑线将地线扎紧在各相铜屏蔽层和去漆的钢铠上，并焊牢。注意扎丝不少于三道，焊面不小于圆周的 1/3；焊点及扎丝头应处理平整，不应留有尖角、毛刺；地线的密封段应做防潮处理（渗锡或绕包密封胶）。

（5）绕包填充胶。用填充胶绕包填充电缆分支处根部空隙及内衬层裸露部分的凹陷，外形似橄榄状，外径略大于电缆本体。在清理干净的地线和外护套切口处朝电缆方向绕包一层 30mm 宽的密封胶口。

（6）固定指套。将指套套至线芯根部后加热固定，先缩根部，再缩袖口及手指。注意加热火焰朝收缩方向，软硬适中并不断旋转、移动。

（7）剥切铜屏蔽层。自指套端部量取 50mm 铜屏蔽层，用聚氯乙烯自黏带临时固定，其余铜屏蔽层剥切。注意切口应平齐，不得留有尖角。

（8）剥切外半导电层。按图 7-6 所示尺寸，保留铜屏蔽切口 20mm 以内的半导电层，其余剥切。注意切口应平齐，不留残迹（用清洗剂清洁绝缘层表面），切勿伤及主绝缘层。

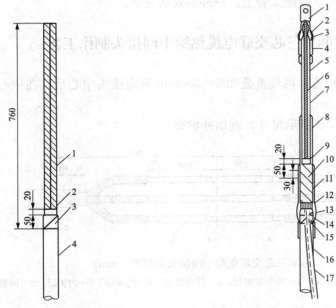

图 7-5　10kV 三芯交联电缆终端接头剥切图（mm）
1—铜屏蔽层；2—内护层；3—铠装；4—外护层

图 7-6　10kV 三芯交联电缆终端接头单相剖面图（mm）
1—接线端子；2—端子密封管；3—防水密封胶；4—相色管；5—线芯绝缘；6—导电线芯；7—绝缘管；8—应力管；9—半导电层；10—铜屏蔽层；11—绝缘三指套；12—内护层；13——般填充胶；14—铜绑线；15—铠装；16—外护层；17—地线

（9）固定应力管。剥除临时固定胶带，搭接铜屏蔽层 20mm，并从该点起加热固定。注

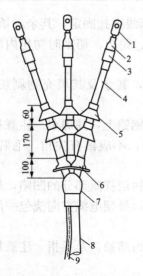

图 7-7 10kV 三芯交联电缆
终端接头防雨裙安装（mm）

（注：户内终端头无防雨裙）

1—接线端子；2—端子密封管；
3—相色管；4—绝缘管；5—单孔
防雨裙；6—三孔防雨裙；7—绝
缘三指套；8—外护层；9—地线

意加热火焰朝收缩方向，软硬适中并不断旋转、移动。

（10）剥除主绝缘层。在线芯端部切除端子孔深加 5mm 长度的主绝缘层。注意不得伤及导电线芯。

（11）切削反应力锥。自主绝缘断口处量取 40mm，削成 35mm 锥体，留 5mm 内半导电层，要求锥体圆整。

（12）压接端子。每个端子压两道。注意压接后应去除尖角、毛刺。

（13）绕包密封胶。在反应力锥处包绕密封胶（或 J_{20} 橡胶绝缘自黏带）并搭接端子 10mm。注意绕包层表面应连续、光滑。

（14）固定绝缘管。将绝缘管套至三叉口根部（管上端超出填充胶 10mm），并由根部开始加热收缩。注意加热火焰朝收缩方向，软硬适中并不断旋转、移动。

（15）固定密封管。将密封管套至端子与绝缘连接处，先预热端子，再从端子侧开始加热收缩。注意密封处应预先打磨并包胶。

（16）固定相色管。将相色管套在密封管上，加热固定。户内头安装完毕。

（17）固定防雨裙。按图 7-7 所示尺寸，加热防雨裙颈部，固定在绝缘管上。户外头安装完毕。

第四节　10kV 三芯交联电缆热缩中间接头制作工艺

（1）校直电缆。将电缆校直，两端重叠 200～300mm 确定接头中心后，在中心处锯断。注意清洁电缆两端外护套各 2m。

（2）剥切外护套。按图 7-8 所示尺寸，剥切外护套。

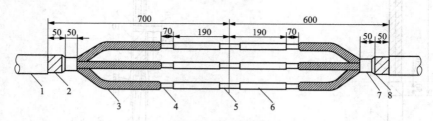

图 7-8 10kV 三芯交联电缆中间接头剥切图（mm）

1—外护套；2—铠装；3—铜屏蔽；4—外半导电层；5—导电线芯；6—绝缘层；7—内护层；8—铜绑线

（3）剥切铠装层。自外护套切口处保留 30～50mm（去漆），用铜绑线绑扎固定，其余剥切。注意切割深度不得超过铠装厚度的 2/3；切口应平齐，不应有尖角、锐边；切割时勿伤内层结构。

（4）剥切内衬层及填充物。自铠装切口处保留 20～50mm 内衬层，其余及其填充物剥切。注意不得伤及铜屏蔽层。

（5）剥切铜屏蔽层。自线芯切断处向两端各量取 260mm 铜屏蔽层，用聚氯乙烯自黏带临时固定（非剥除段）后剥除。注意切口应平齐，不得留有尖角。

（6）剥切外半导电层。按图 7-8 所示尺寸，保留铜屏蔽切口 70mm 以内的半导电层，其余剥切。注意切口应平齐，不留残迹（用清洗剂清洁绝缘层表面），切勿伤及主绝缘层。

（7）固定应力管。搭接外半导电层 50mm，并从该点起加热固定。注意加热火焰朝收缩方向，软硬适中并不断旋转、移动。

（8）包绕防水密封胶。在应力管前端包绕防水密封胶，使台阶呈平滑过渡。

（9）套入管材。在电缆长端各线芯上套入复合绝缘管和屏蔽铜网，在电缆短端套入密封护套管。注意不得遗漏。

（10）剥除主绝缘层。在线芯端部切除 1/2 接管长加 5mm 长度的主绝缘层。注意不得伤及导电线芯。

（11）切削反应力锥。自主绝缘断口处量取 40mm，削成 35mm 锥体，留 5mm 内半导电层。注意要求锥体圆整。

（12）压接连接管。将电缆对正后压接连接管，两端各压两道。注意压接后应去除尖角、毛刺，压坑应用半导电带填平。

（13）绕包半导电带。用半导电带填平连接管的压坑，并与两端电缆的内半导电层搭接。注意绕包层表面应连续、光滑。

（14）绕包普通填充胶。在连接管两端的反应力锥之间绕包普通填充胶或 J_{20} 绝缘带，绕包外径应略大于电缆外径（厚度约 7mm）。注意绕包层表面应连续、光滑。

（15）固定复合管。复合管在两端应力控制管之间对称安装，并由中间开始加热收缩固定。注意火焰朝收缩方向，禁止使用硬火；加热收缩时火焰应不断旋转、移动；冬期施工时，内层需事先预热。

（16）绕包防水密封胶。在复合管两端的台阶处绕包防水密封胶，使台阶平滑过渡。注意绕包层表面应连续、光滑。

（17）绕包半导电带。在防水密封胶上面覆盖一层半导电带，两端各搭接复合管及电缆外半导电层不少于 20mm。注意绕包层表面应连续、光滑。

（18）安装屏蔽铜网。用铜扎丝将屏蔽铜网一端扎紧在电缆铜屏蔽层上，沿接头方向拉伸收紧铜网，使其紧贴在绝缘管上至电缆接头另一端的铜屏蔽层，用铜丝扎紧后翻转铜网并拉回原端扎牢。最后在两端扎丝处将铜网和铜屏蔽层焊牢。注意扎丝不少于两道，焊面不小于圆周的 1/3，焊点及扎丝头应处理平整，不应留有尖角、毛刺。

（19）安装地线。在电缆一端用铜绑线将地线扎紧在去漆的钢铠上并焊牢，然后缠绕扎紧线芯至电缆另一端，同样扎紧在去漆的钢铠上并焊牢。注意扎丝不少于三道，焊面不小于圆周的 1/3，焊点及扎丝头应处理平整，不应留有尖角、毛刺。

（20）安装金属护套。将金属护套两端分别固定并焊牢在电缆两端钢带上。注意焊点及扎丝头应处理平整，不应留有尖角、毛刺。中间头可不装金属护套，外加保护壳。

（21）固定密封护套管。将密封护套管套至接头的中间，并从密封护套管的中间开始向两端加热收缩。注意密封处应预先打磨并涂胶，胶宽度不少于100mm。

　　10kV三芯交联电缆中间接头单相剖面图如图7-9所示。

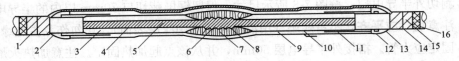

图7-9　10kV三芯交联电缆中间接头单相剖面图

1—铜屏蔽；2—外半导电层；3—绝缘层；4—内半导电层；5—导电线芯；6—连接管；
7—J_{20}绝缘带；8—半导带；9—半导/绝缘复合管；10—防水密封胶；11—应力管；
12—防水密封胶；13—半导电带；14—铜绑线；15—铜屏蔽；16—铜网

第五节　35kV单芯交联电缆热缩终端接头制作工艺

　　（1）剥切外护套。按图7-10所示尺寸，剥切外护套。

　　（2）安装地线。在外护套切口的30mm处，用铜绑线将地线扎紧在铜屏蔽层上并焊牢。注意扎丝不少于两道，焊面不小于圆周的1/3，焊点及扎丝头爪处理平整，不应留有尖角、毛刺。

　　（3）剥切铜屏蔽层。按图7-10所示尺寸，保留外护套切口30mm以内的铜屏蔽层，用聚氯乙烯自黏带临时固定，其余剥切。注意切口应平齐，不得留有尖角。

　　（4）剥切外半导电层。按图7-10所示尺寸，保留铜屏蔽切口20mm以内的半导电层，其余剥切。注意切口应平齐，不留残迹（用清洗剂清洁绝缘层表面），切勿伤及主绝缘层。

　　（5）固定应力管。剥除临时固定胶带，搭接铜屏蔽层20mm，并从该点起加热固定。注意加热火焰朝收缩方向，软硬适中并不断旋转、移动。

　　（6）剥切主绝缘层。在线芯端部切除端子孔深加5mm长度的主绝缘层。注意不得伤及导电线芯。

　　（7）切削反应力锥。自主绝缘断口处量取40mm，削成35mm锥体，留5mm内半导电层。注意要求锥体圆整。

　　（8）绕包密封胶。在清理干净的地线和外护套切口处朝电缆方向绕包一层50mm宽的密封胶。

　　（9）固定绝缘管。先将绝缘层表面清理干净，再在绝缘层表面均匀地涂一层硅脂，然后套上绝缘管。搭盖外护套60mm，并从此处开始加热收缩。注意火焰朝收缩方向，禁止使用硬火，加热收缩时火焰应不断旋转、移动。

　　（10）压接端子。每个端子压两道。注意压接后应去除尖角、毛刺。

　　（11）包绕密封胶。在反应力锥处包绕密封胶。注意绕包后外径应略大于电缆外径。

　　（12）固定密封管。将密封管套至端子与绝缘连接处，从端子侧开始加热收缩。注意密封处应预先打磨并包胶。

　　（13）固定防雨裙。按图7-11所示尺寸，加热防雨裙颈部，固定在绝缘管上（户内三个、户外四个）。安装完毕。

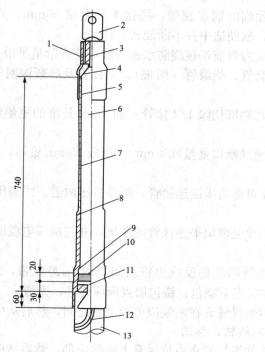
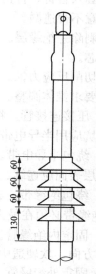

图 7-10 35kV 单芯交联电
缆终端接头剥切图（mm）

图 7-11 35kV 单芯交联电
缆终端接头安装图（mm）

1—端子衬管；2—接线端子；3—线芯；4—防水密封胶；
5—密封管；6—线芯绝缘；7—绝缘管；8—应力管；9—防水密封胶；
10—半导层；11—铜屏蔽；12—地线；13—外护套

第六节 35kV 单芯交联电缆热缩中间接头制作工艺

（1）校直电缆。将电缆校直，两端重叠 200～300mm 确定接头中心后，在中心处锯断。注意清洁电缆两端外护套各 2m。

（2）剥切外护套。按图 7-12 所示尺寸，剥切外护套。

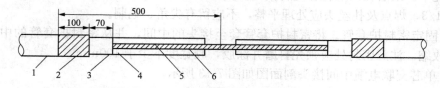

图 7-12 35kV 单芯交联电缆中间头剥切图（mm）
1—外护套；2—铜屏蔽；3—外半导电层；4—绝缘层；5—导体线芯；6—内半导电层

（3）剥切铜屏蔽层。自线芯切断处向两边各量取 400mm，用聚氯乙烯自黏带临时固定后剥切铜屏蔽层。注意切口应平齐，不得留有尖角。

（4）剥切外半导电层。按图 7-12 所示尺寸，保留铜屏蔽切口 70mm 以内的半导电层，其余剥切。注意切口应平齐，不留残迹（用清洗剂清洁绝缘层表面），切勿伤及主绝缘层。

（5）固定应力控制管。剥除临时固定胶带，搭接半导电层 50mm，并从该点起加热固定。注意加热火焰朝收缩方向，软硬适中并不断旋转、移动。

（6）绕包防水密封胶。在应力管前端包绕防水密封胶，使台阶呈平滑过渡。

（7）套入管材。将密封护套管、绝缘管（两根）、复合管及屏蔽铜网等预先套在两端电缆上。注意不得遗漏。

（8）剥除主绝缘层。在线芯端部切除 1/2 接管长加 5mm 长度的主绝缘层。注意不得伤及导电线芯。

（9）切削反应力锥。自主绝缘断口处量取 40mm，削成 35mm 锥体，留 5mm 内半导电层。注意要求锥体圆整。

（10）压接连接管。将电缆对正后压接连接管，两端各压两道。注意压接后应去除尖角、毛刺，压坑应用半导电带填平。

（11）绕包半导电带。用半导电带填平连接管的压坑，并与两端电缆的内半导电层搭接。注意绕包层表面应连续、光滑。

（12）绕包绝缘带。在连接管两端的反应力锥之间绕包 J_{30} 绝缘带，绕包厚度约 7mm。注意 J_{30} 绝缘带必须在最大拉伸状态下绕包，绕包层表面应连续、光滑。

（13）固定内绝缘管。将内绝缘管套在两端应力控制管之间，然后从中间开始加热固定。注意收缩方向、软硬适中并不断旋转、移动。

（14）固定外绝缘管。将外绝缘管套在内绝缘管上面的中部，然后从中间开始加热固定。注意加热火焰朝收缩方向，软硬适中并不断旋转、移动。

（15）固定复合管。复合管套在外绝缘管的中部，并由中间开始加热收缩固定。注意火焰朝收缩方向，禁止使用硬火，加热收缩时火焰应不断旋转、移动；冬季施工时，绝缘管与复合管应尽量连续安装。

（16）绕包防水密封胶。在复合管两端的台阶处绕包防水密封胶，使台阶平滑过渡。注意绕包层表面应连续、光滑。

（17）绕包半导电带。在防水密封胶上面覆盖一层半导电带，两端各搭接复合管及电缆外半导电层不少 20mm。注意绕包层表面应连续、光滑。

（18）安装屏蔽铜网。用铜扎丝将屏蔽铜网一端扎紧在电缆铜屏蔽层上，沿接头方向拉伸收紧铜网，使其紧贴在绝缘管上至电缆接头另一端的铜屏蔽层，用铜丝扎紧后翻转铜网并拉回原端扎牢。最后在两端扎丝处将铜网和铜屏蔽层焊牢。注意扎丝不少于两道，焊面不小于圆周的 1/3，焊点及扎丝头应处理平整，不应留有尖角、毛刺。

（19）固定密封护套管。将密封护套管套至接头的中间，并从密封护套管的中间开始向两端加热收缩。注意密封处应预先打磨并涂胶，胶宽度不少于 100mm。

35kV 单芯交联电缆中间接头剖面图如图 7-13 所示。

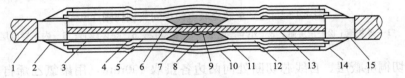

图 7-13　35kV 单芯交联电缆中间接头剖面图

1—铜屏蔽；2—半导电带；3—应力管；4—防水密封胶；5—绝缘层；6—内半导电层；
7—连接管；8—J_{30} 绝缘带；9—半导体带；10—半导/绝缘复合管；11—外绝缘管；
12—内绝缘管；13—导体线芯；14—防水密封胶；15—外半导电层

第七节 35kV 三芯交联电缆热缩终端接头制作工艺

（1）剥切外护套。按图 7-14 所示尺寸，剥切外护套。

（2）剥切铠装层。自外护套切口处保留 30～50mm（去漆），用铜绑线绑扎固定，其余剥除。注意切割深度不得超过铠装厚度的 2/3，切口应平齐，不应有尖角、锐边，切割时勿伤内层结构。

（3）剥切内衬层及填充物。自铠装切口处保留 20mm 内衬层，其余及其填充物剥除。注意不得伤及铜屏蔽层。

（4）安装地线。用铜绑线将地线扎紧在各相铜屏蔽层和去漆的钢铠上，并焊牢。注意扎丝不少于三道，焊面不小于圆周的 1/3；焊点及扎丝头应处理平整，不应留有尖角、毛刺；地线的密封段应做防潮处理（渗锡或绕包密封胶）。

（5）绕包填充胶。用填充胶绕包填充电缆分支处根部空隙及内衬层裸露部分的凹陷，外形似橄榄状，外径略大于电缆本体；在清理干净的地线和外护套切口处朝电缆方向绕包一层 30mm 宽的密封胶。

（6）固定指套。将指套套至线芯根部后加热固定，先缩根部，再缩袖口及手指。注意加热火焰朝收缩方向，软硬适中并不断旋转、移动。

（7）剥切铜屏蔽层。自指套端部量取 50mm 铜屏蔽层，用聚氯乙烯自黏带临时固定，其余铜屏蔽层剥切。注意切口应平齐，不得留有尖角。

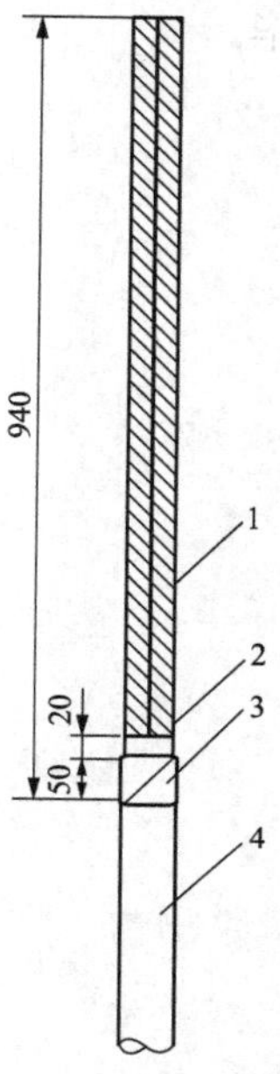

（8）剥切外半导电层。按图 7-15 所示尺寸，保留铜屏蔽切口 20mm 以内的半导电层，其余剥切。注意切口应平齐，不留残迹（用清洗剂清洁绝缘层表面），切勿伤及主绝缘层。

（9）固定应力管。剥除临时固定胶带，搭接铜屏蔽层 20mm，并从该点起加热固定。注意加热火焰朝收缩方向，软硬适中并不断旋转、移动。

（10）剥除主绝缘层。在线芯端部切除端子孔深加 5mm 长度的主绝缘层。注意：不得伤及导电线芯。

（11）切削反应力锥。自主绝缘断口处量取 40mm，削成 35mm 锥体，留 5mm 内半导电层。注意要求锥体圆整。

（12）压接端子。每个端子压两道。注意：压接后应去除尖角、毛刺。

（13）绕包密封胶。在反应力锥处包绕密封胶（或 J_{30} 橡胶绝缘自黏带）并搭接端子 10mm。注意绕包层表面应连续、光滑。

（14）固定内衬管。将内衬管套在端子上，然后加热固定。注意加热火焰朝收缩方向，软硬适中并不断旋转、移动。

（15）固定绝缘管。将绝缘管套至三叉口根部（管上端超出填充 10mm），并由根部开始加热收缩。注意加热火焰朝收缩方向，软硬适中并不断旋转、移动。

图 7-14 35kV 三芯交联电缆终端接头剥切图（mm）

1—铜屏蔽层；2—内护层；3—铠装；4—外护套

（16）固定密封管。将密封管套至端子与绝缘连接处，先预热端子，再从端子侧开始加热收缩。注意密封处应预先打磨并包胶。

（17）固定相色管。将相色管套在密封管上，加热固定。户内头安装完毕。

（18）固定防雨裙。按图 7-16 所示尺寸，加热防雨裙颈部，固定在绝缘管上。户外头安装完毕。

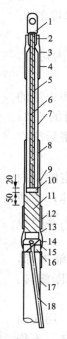 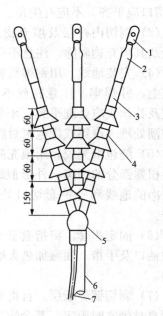

图 7-15　35kV 三芯交联电缆终端接头单相剖面图（mm）

1—接线端子；2—端子衬管；3—防水密封胶；4—端子密封管；
5—线芯绝缘；6—导电线芯；7—绝缘管；8—应力管；9—防水密封胶；
10—半导电层；11—铜屏蔽层；12—绝缘三指套；13—内护层；
14—一般填充胶；15—铜绑线；16—铠装；17—外护层；18—地线

图 7-16　35kV 三芯交联电缆终端接
头防雨裙安装图（mm）

1—接线端子；2—端子密封管；
3—绝缘管；4—单孔防雨裙；
5—绝缘三指套；6—外护层；7—地线

第八节　35kV 三芯交联电缆热缩中间接头制作工艺

（1）校直电缆。将电缆校直，两端重叠 200～300mm 确定接头中心后，在中心处锯断。注意清洁电缆两端外护套各 2m。

（2）剥切外护套。按图 7-17 所示尺寸，剥切外护套。

（3）剥切铠装层。自外护套切口处保留 30～50mm（去漆）。用铜绑线绑扎固定，其余剥切。注意切割深度不得超过铠装厚度的 2/3，切口应平齐，不应有尖角、锐边，切割时勿伤内层结构。

（4）剥切内衬层及填充物。自铠装切口处保留 20mm 内衬层，其余及其填充物剥切。注意不得伤及铜屏蔽层。

（5）剥切铜屏蔽层。自线芯切断处向两端各量取 400mm 铜屏蔽层，用聚氯乙烯自黏带临时固定，其余剥切。注意切口应平齐，不得留有尖角。

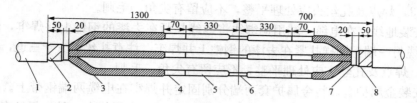

图 7-17　35kV 三芯交联电缆中间接头剥切图（mm）
1—外护套；2—钢铠；3—铜屏蔽层；4—外半导电层；5—绝缘层；6—导体线芯；7—内护层；8—铜绑线

（6）剥切外半导电层。按图 7-17 所示尺寸，保留铜屏蔽切口 70mm 以内的半导电层，其余剥切。注意切口应平齐，不留残迹（用清洗剂清洁绝缘层表面），切勿伤及上绝缘层。

（7）固定应力管。搭接外半导电层 50mm，并从该点起加热固定。注意加热火焰朝收缩方向，软硬适中并不断旋转、移动。

（8）包绕防水密封胶。在应力管前端包绕防水密封胶，使台阶呈平滑过渡。

（9）套入管材。在电缆长端套入密封护套管，各线芯上套入绝缘管（两根）和复合绝缘管及屏蔽铜网；在电缆短端套入密封护套管。注意不得遗漏。

（10）剥除主绝缘层。在线芯端部切除 1/2 接管长加 5mm 长度的主绝缘层。注意不得伤及导电线芯。

（11）切削反应力锥。自主绝缘断口处量取 40mm，削成 35mm 锥体，留 5mm 内半导电层。注意要求锥体圆整。

（12）压接连接管。将电缆对正后压接连接管，两端各压两道。注意压接后应去除尖角、毛刺，压坑应用半导电带填平。

（13）绕包半导电带。用半导电带填平连接管的压坑，并与两端电缆的内半导电层搭接。注意绕包层表面应连续、光滑。

（14）绕包 J_{30} 绝缘带。在连接管两端的反应力锥之间绕包 J_{30} 绝缘带，绕包厚度约 7mm。注意 J_{30} 绝缘带必须在最大拉伸状态下绕包，绕包层表面应连续、光滑。

（15）固定内绝缘管。将内绝缘管套在两端应力管之间，然后从中间开始向两端加热固定。注意加热火焰朝收缩方向，软硬适中并不断旋转、移动。

（16）固定外绝缘管。将外绝缘管套在内绝缘管的中间部位，然后从中间开始向两端加热固定。注意加热火焰朝收缩方向，软硬适中并不断旋转、移动。

（17）固定复合管。复合管在外绝缘管上面对称安装，并由中间开始加热收缩固定。注意加热火焰朝收缩方向，禁止使用硬火，加热收缩时火焰应不断旋转、移动；冬季施工时，绝缘管与复合管应尽量连续安装。

（18）绕包防水密封胶。在复合管两端的台阶处绕包防水密封胶，使台阶平滑过渡。注意绕包层表面应连续、光滑。

（19）绕包半导电带。在防水密封胶上面覆盖层半导电带，两端各搭接复合管及电缆外半导电层不少于 20mm。注意绕包层表面应连续、光滑。

（20）安装屏蔽铜网。用铜扎丝将屏蔽铜网一端扎紧在电缆铜屏蔽层上，沿接头方向拉伸收紧铜网，使其紧贴在绝缘管上至电缆接头另一端的铜屏蔽层，用铜丝扎紧后翻转铜网并拉回原端扎牢。最后在两端扎丝处将铜网和铜屏蔽层焊牢。注意扎丝不少于两道，焊面不小于圆周的 1/3，焊点及扎丝头应处理平整，不应留有尖角、毛刺。

（21）安装地线。在电缆一端用铜绑线将地线扎紧在去漆的钢铠上并焊牢，然后缠绕扎紧线芯至电缆另一端，同样扎紧在去漆的钢铠上并焊牢。注意扎丝不少于三道，焊面不小于圆周的 1/3，焊点及扎丝头应处理平整，不应留有尖角、毛刺。

（22）安装金属护套。将金属护套两端分别固定并焊牢在电缆两端钢带上。注意焊点及扎丝头应处理平整，不应留有尖角、毛刺。中间头可不装金属护套，外加保护壳。

（23）固定密封护套管。将密封护套管套至接头的中间，并从密封护套管的中间开始向两端加热收缩。注意密封处应预先打磨并涂胶，胶宽度不少于 100mm。

35kV 三芯交联电缆中间接头单相剖面图如图 7-18 所示。

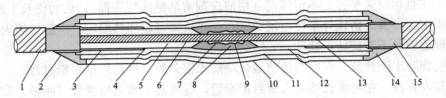

图 7-18　35kV 三芯交联电缆中间接头单相剖切图

1—铜屏蔽；2—半导体带；3—应力管；4—防水密封胶；5—绝缘层；6—内半导电层；
7—连接管；8—J_{30} 绝缘带；9—半导体带；10—半导/绝缘复合管；11—外绝缘管；
12—内绝缘管；13—导体线芯；14—防水密封胶；15—外半导体层

第八章　交联电缆冷缩接头制作工艺

本章介绍了 15、35kV 单芯和三芯交联电缆冷缩终端接头和中间接头制作工艺，本章所介绍的电缆冷缩接头制作工艺具有普遍的指导意义。但针对某一特定的冷缩电缆附件，在施工中如发现本书介绍的制作工艺与产品工艺单不符，应按产品工艺单施工。

本章介绍的冷缩工艺中经常使用的几种胶带如下：

（1）Scotch13 胶带：半导电胶带，主要用于铜带与半导电层处的过渡。

（2）Scotch23 胶带：乙丙橡胶自黏绝缘胶带，主要用于填充绝缘间隙、包覆恒力弹簧、内衬层和屏蔽铜网端口等。

（3）Scotch70 胶带：自融硅胶绝缘胶带，主要用于包覆终端头接线端子外面的 Scotch23 胶带。

（4）Scotch2228 胶带：防水绝缘胶带，用于户外终端头和中间头的防水密封。

（5）Armorcast 胶带：装甲胶带，用于中间头的最外层做机械保护。

（6）PVC 胶带：聚氯乙烯绝缘胶带主要用于临时固定、制作安装标记、包覆恒力弹簧等边缘。

第一节　15kV 单芯交联电缆冷缩终端接头制作工艺

（1）剥切外护套。按图 8-1 和表 8-1 所示尺寸 $A+B$，剥切外护套。注意清洁切口处 50mm 内的电缆外护套。

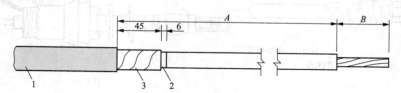

图 8-1　15kV 单芯交联电缆冷缩终端接头剥切图（mm）

1—护套；2—外半导；3—铜屏蔽带

表 8-1　　　　　　　15kV 单芯交联电缆冷缩终端接头选型尺寸参考表

型号	导体截面/mm²	绝缘外径/mm	护套外径/mm	A/mm	B/mm
Ⅰ	35～70	16.3～22.9	20.3～30.5	245	端子孔深+5
Ⅱ	95～240	21.3～33.8	25.4～40.6		
Ⅲ	300～500	27.9～41.9	33.0～48.3	255	
Ⅳ	400～800	33.0～49.5	38.1～61.0		

注　电缆绝缘外径为选型的最终决定因素，导体截面为参考。

（2）剥切铜屏蔽层。按图 8-1 所示尺寸，保留外护套切口 45mm 以内的铜屏蔽层，其余剥切。注意切口应平齐，不得留有尖角。

（3）剥切主绝缘层。按图 8-1 所示尺寸 B，剥切主绝缘层。注意不得伤及导电线芯。

（4）剥切外半导电层。按图 8-1 所示尺寸，保留铜屏蔽切口 6mm 以内的外半导电层，其余剥切。注意切口应平齐，不留残迹（用清洗剂清洁绝缘层表面），切勿伤及主绝缘层。

（5）清洁绝缘层表面。用清洁剂清洗电缆绝缘层表面。如果主绝缘层表面有划伤、凹坑或残留半导体，可用 120 号以下不导电的氧化铝砂纸进行打磨处理。注意切勿使清洁剂碰到外半导电层，打磨后的绝缘外径不得小于接头选用范围。

（6）绕包半导电带。按图 8-2（a）所示尺寸，半叠绕 Scotch13 半导电胶带两层（一个往返），从铜屏蔽带上 20mm 处开始，绕至主绝缘层 15mm 处。注意绕包层表面应连续、光滑。

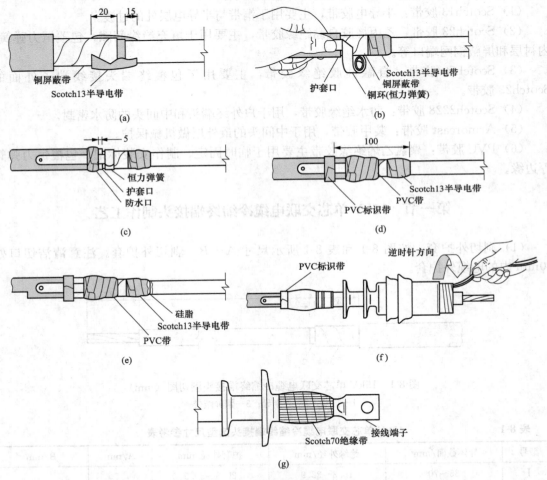

图 8-2　15kV 单芯交联电缆冷缩终端接头施工示意图（mm）

（a）绕包半导电带；（b）安装地线；（c）防水处理；（d）绕包 PVC 带；
（e）涂抹硅脂；（f）安装冷缩终端；（g）压接端子并绕包绝缘带

（7）安装地线。如图 8-2（b）所示，在外护套切口的边缘，将接地铜带环绕箍在铜屏蔽层上，或用恒力弹簧将接地线固定在铜屏蔽层上。注意恒力弹簧的缠绕方向应顺着电缆铜屏蔽带的方向，接地线不应留有尖角、毛刺。

（8）防水处理。如图 8-2（c）所示，在护套切口下 5mm 处，用防水胶带做防水处理。注意应在接地线上、下各绕包一层防水胶带。

（9）绕包 PVC 带。如图 8-2（d）所示，用 PVC 带将恒力弹簧及防水胶带覆盖，并在半导电带下 100mm 处绕包冷缩终端安装定位基准标识。注意：绕包层表面应连续、光滑，标识位置准确。

（10）涂抹硅脂。如图 8-2（e）所示，在半导电带与绝缘层搭接处，以及绝缘层表面涂抹硅脂。注意涂抹应均匀，不得遗漏。

（11）安装冷缩终端。如图 8-2（f）所示，套上冷缩（预扩张式）终端（户内终端无伞裙），定位于标识带处，逆时针抽掉芯绳，使终端收缩固定。注意定位必须在标识处。

（12）压接端子。如图 8-2（g）所示，装上接线端子，对称压接，每个端子压两道。注意压接后应去除尖角、毛刺，并清洗干净。

（13）包绕绝缘带。如图 8-2（g）所示，先用 Scotch23 绝缘带填满接线端子与绝缘之间的空隙，然后半叠绕 Scotch70 绝缘带两层，从终端上 25mm 处开始，绕至接线端子。注意绕包时应尽力拉伸绝缘带，绕包层表面应连续、光滑。

15kV 单芯交联电缆冷缩终端接头外形及剖面图如图 8-3 所示。

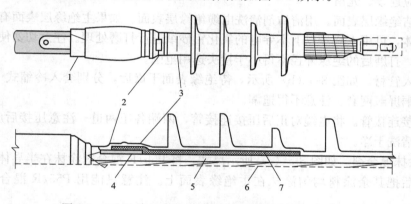

图 8-3　15kV 单芯交联电缆冷缩终端接头外形及剖面图

1—PVC 标识带；2—应力管起始处；3—外半导切除口；4—外半导；5—主绝缘；6—导体；7—应力管

第二节　15kV 单芯交联电缆冷缩中间接头制作工艺

（1）校直电缆。将电缆校直，两端重叠 200～300mm 确定接头中心后，在中心处锯断。

（2）剥切外护套。按图 8-4 和表 8-2 所示尺寸 $A+140$mm，剥切外护套。注意清洁切口处 50mm 内的电缆外护套。

表 8-2　　　　　　　　　15kV 单芯交联电缆冷缩中间接头选型尺寸参考表

型号	导体截面/mm²	绝缘外径/mm	连接管外径/mm	连接管最大长度/mm	A/mm
Ⅰ	50～150	17.7～26.0	14.2～25.0	135	120
Ⅱ	150～240	22.3～33.2	18.0～33.0	145	125
Ⅲ	300～400	28.4～42.0	23.3～42.0	220	175

注　电缆绝缘外径为选型的最终决定因素，导体截面为参考。

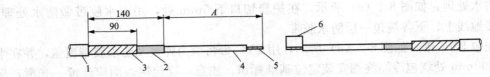

图 8-4　15kV 单芯交联电缆冷缩中间接头剥切图（mm）

1—电缆护套；2—外半导电层；3—铜屏蔽带；4—主绝缘；5—导体；6—1/2 接管长＋5mm

（3）剥切铜屏蔽层。按图 8-4 所示尺寸，保留外护套切口 90mm 以内的铜屏蔽层，其余剥切。注意切口应平齐，不得留有尖角。

（4）剥切外半导电层。按图 8-4 所示尺寸，保留铜屏蔽切口 50mm 以内的外半导电层，其余剥切。注意切口应平齐，不留残迹（用清洗剂清洁绝缘层表面），切勿伤及主绝缘层。

（5）剥切主绝缘层。按图 8-4 所示尺寸（1/2 接管长＋5mm），剥切主绝缘层。注意不得伤及导电线芯。

（6）绕包半导电带。按图 8-5（a）所示尺寸，半叠绕 Scotch13 半导电胶带两层（一个往返），从铜屏蔽带上 40mm 处开始，绕至外半导电层 10mm 处。注意绕包端口应十分平整，绕包层表面应连续、光滑。

（7）清洁绝缘层表面。用清洁剂清洗电缆绝缘层表面。如果主绝缘层表面有划伤、凹坑或残留半导体，可用 120 号以下不导电的氧化铝砂纸进行打磨处理。注意切勿使清洁剂碰到外半导电层，打磨后的绝缘外径不得小于接头选用范围。

（8）套入管材。如图 8-5（b）所示，待绝缘表面干燥后，分别套入冷缩式（预扩张式）中间接头和铜屏蔽网套。注意不得遗漏。

（9）压接连接管。将电缆对正后压接连接管，两端各压两道。注意压接后应去除尖角、毛刺，并且清洗干净。

（10）涂抹混合剂。如图 8-5（c）所示尺寸，将 P55/R 混合剂涂抹在半导体层与主绝缘交界处，然后把其余涂料均匀涂抹在主绝缘表面上。注意只能用 P55/R 混合剂，不能用硅脂。

（11）确定校验点。如图 8-5（d）所示，测量绝缘端口之间尺寸为 C，按尺寸 1/2C 在接管上确定实际中心点 D，然后按量取 D 点到电缆一边铜屏蔽带 300mm 确定一个校验点 E。

（12）确定定位点。如图 8-5（e）所示，按表 8-3 所示尺寸，在半导电屏蔽层上距离屏蔽层端口 A 处用 PVC 胶带做一标记，此处为接头收缩定位点。

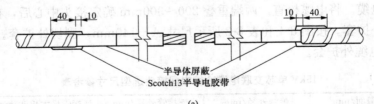

(a)

图 8-5　15kV 单芯交联电缆冷缩中间接头施工示意图（mm）（一）

(a) 绕包半导电带；

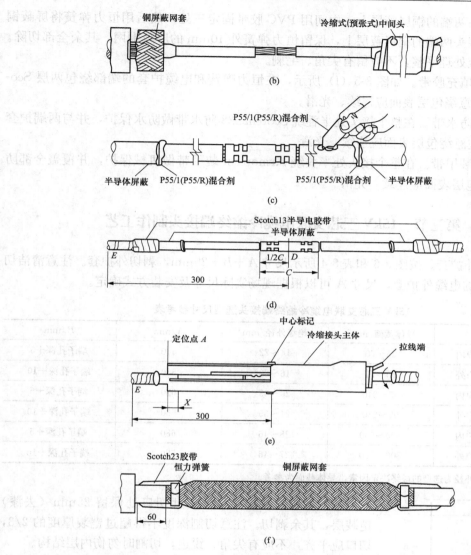

图 8-5　15kV 单芯交联电缆冷缩中间接头施工示意图（mm）（二）

(b) 套入管材；(c) 涂抹混合剂；(d) 确定校验点；
(e) 确定定位点；(f) 安装铜屏蔽网并绕包填充胶带

表 8-3　　　　　　　　　　　　　　定位尺寸表

导体截面/mm²	50	70	95	120	150	150	185	240	300	400
X/mm	35	35	30	25	25	35	30	25	30	25

（13）安装冷缩管。将冷缩（预扩张式）接头对准定位标记，逆时针抽掉芯绳，使接头收缩固定。在接头完全收缩后 5min 内，校验冷缩接头主体上的中心标记到校验点 E 的距离是否确实是 300mm，如有偏差，尽快左右抽动接头以进行调整。注意由于冷缩接头为整体预制式结构，中心定位应做到准确无误。

（14）安装屏蔽铜网。如图 8-5 (f) 所示，沿接头方向拉伸收紧铜网，使其紧贴在冷缩管上至电缆接头两端的铜屏蔽层上，中间用 PVC 胶带固定三处，然后用恒力弹簧将屏蔽铜网固定在电缆接头两端的铜屏蔽层上，保留恒力弹簧外 10mm 的屏蔽铜网，其余全部切除。注意铜网两端应处理平整，不应留有尖角、毛刺。

（15）绕包填充胶带。如图 8-5（f）所示，在恒力弹簧和电缆护套的端部绕包两层 Scotrh23 胶带。注意绕包层表面应连续、光滑。

（16）绕包防水带。在整个接头处半叠绕 Scotch2228 防水带做防水保护，并与两端护套搭接 60mm。注意绕包层表面应连续、光滑。

（17）绕包装甲带。在整个接头处半叠绕 Armorcast 装甲带做机械保护，并覆盖全部防水带。注意绕包层表面应连续、光滑。

第三节　15kV 三芯交联电缆冷缩终端接头制作工艺

（1）剥切外护套。按图 8-6 和表 8-4 所示尺寸 $A+B+25mm$，剥切外护套。注意清洁切口处 50mm 内的电缆外护套，尺寸 A 可以根据现场实际尺寸及安装方式确定。

表 8-4　　　　　　　　　　15kV 三芯交联电缆冷缩终端接头选型尺寸参考表

型号		导体截面/mm²	绝缘外径/mm	A/mm	B/mm
I	户内	25～70	14～22	560	端子孔深+5
	户外	35～70	16～28	530	端子孔深+10
II	户内	95～240	20～33	680	端子孔深+5
	户外	95～240	21～35	530	端子孔深+10
III	户内	300～500	28～46	680	端子孔深+5
	户外	300～500	27～46	580	端子孔深+10

注　电缆绝缘外径为选型的最终决定因素，导体截面为参考。

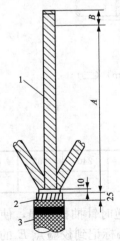

图 8-6　15kV 三芯交联电缆冷缩终端接头剥切图（mm）

1—铜屏蔽带；2—钢铠；
3—Scotch23 胶带

（2）剥切铠装层。自外护套切口处保留 25mm（去漆）铠装层，其余剥切。注意切割深度不得超过铠装厚度的 2/3，切口应平齐，不应有尖角、锐边，切割时勿伤内层结构。

（3）剥切内衬层及填充物。自铠装切口处保留 10mm 内衬层，其余及其填充物剥切。注意不得伤及铜屏蔽层。

（4）绕包防水（自黏）带。在电缆外护套切口向下 15mm 处绕包两层 Scotch23 自黏带（户外头为防水胶带）。注意绕包层表面应连续、光滑。

（5）固定铜屏蔽带。在电缆端头的顶部绕包两层 PVC 胶带，以临时固定铜屏蔽带。

（6）安装钢带地线。如图 8-7（a）所示，用恒力弹簧将第一条接地编织线固定在去漆的钢铠上。注意地线端头应处理平整，不应留有尖角、毛刺；地线的密封段应做防潮处理（绕包密封胶）。

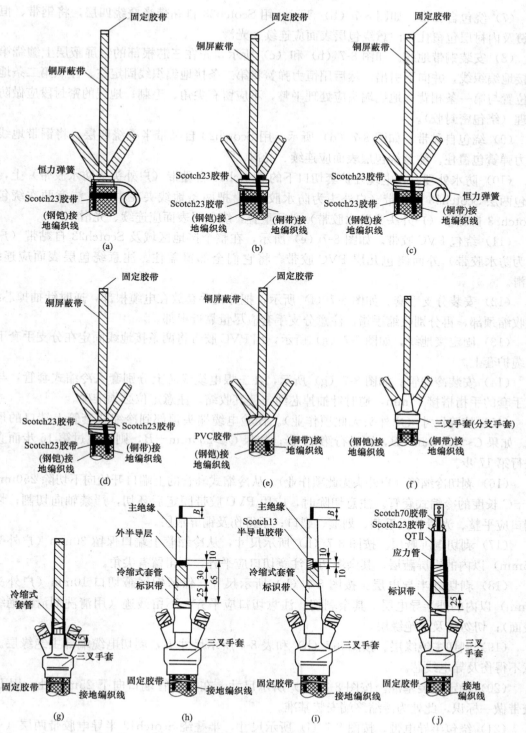

图 8-7　15kV 三芯交联电缆冷缩终端接头施工示意图（mm）

(a) 安装钢带地线；(b) 绕包自黏带；(c) 安装铜带地线；(d) 绕包自黏带；(e) 绕包 PVC 胶带；

(f) 安装分支手套；(g) 固定接地线并安装套管冷缩管；(h) 剥切铜屏蔽层、外半导电层和主绝缘层；

(i) 绕包半导电带；(j) 压接端子、涂抹硅脂、安装冷缩终端并包绕绝缘带

（7）绕包自黏带。如图 8-7（b）所示，用 Scotch23 自黏带半叠绕四层，将钢带、恒力弹簧及内衬层包覆住。注意绕包层表面应连续、光滑。

（8）安装铜带地线。如图 8-7（b）和（c）所示，先在三芯根部的铜屏蔽层上缠绕第二条接地编织线，并向下引出，然后用恒力弹簧将第二条接地编织线固定住。注意第二条地线的位置与第一条相背；地线端头应处理平整，不应留有尖角、毛刺；地线的密封段应做防潮处理（绕包密封胶）。

（9）绕包自黏带。如图 8-7（d）所示，用 Scotch23 自黏带半叠绕四层，将铜带地线的恒力弹簧包覆住。注意绕包层表面应连续、光滑。

（10）防水处理。在电缆外护套切口下的 Scotch23 自黏带（户外头为防水胶带）上，再绕包两层 Scotch23 自黏带（户外头为防水胶带），把两条地线夹在中间。注意两次绕包的 Scotch23 自黏带（户外头为防水胶带）必须重叠，绕包层表面应连续、光滑。

（11）绕包 PVC 胶带。如图 8-7（e）所示，在整个接地区域及 Scotch23 自黏带（户外头为防水胶带）外面绕包几层 PVC 胶带，将它们全部覆盖住。注意绕包层表面应连续、光滑。

（12）安装分支手套。如图 8-7（f）所示，把分支手套放在电缆根部，逆时针抽掉芯绳，先收缩颈部，再分别收缩手指。注意分支手套应尽量靠近根部。

（13）固定接地线。如图 8-7（g）所示，用 PVC 胶带将两条接地线固定在分支手套下的电缆护套上。

（14）安装冷缩管。如图 8-7（g）所示，在三根电缆线芯上分别套入冷缩式套管，与三叉手套的手指搭接 15mm，逆时针抽掉芯绳，使其收缩。注意定位必须准确。

（15）校验尺寸（户外头无此项作业）。校验电缆端头顶部到冷缩式套管上端口的尺寸 C。如果 $C<250\text{mm}+B$，则进行第 16 步；如果 $C\geqslant250\text{mm}+B$，则可跳过第 16 步而直接进行第 17 步。

（16）剥切冷缩管（户外头无此项作业）。从冷缩式套管的上端口开始向下切除 $250\text{mm}+B-C$ 长度的冷缩式套管。注意切除时，应用 PVC 胶带固定后环切，严禁轴向切割；切割端口应平整、光滑，无毛刺、划痕、裂口；不得伤及铜屏蔽层。

（17）剥切铜屏蔽层。按图 8-7（h）所示尺寸，从冷缩管上端口保留 30mm（户外头为 15mm）以内的铜屏蔽层，其余剥切。注意切口应平齐，不得留有尖角。

（18）剥切外半导电层。按图 8-7（h）所示尺寸，保留铜屏蔽切口 10mm（户外头为 5mm）以内的外半导电层，其余剥切。注意切口应平齐，不留残迹（用清洗剂清洁绝缘层表面）；切勿伤及主绝缘层。

（19）剥切主绝缘层。按图 8-7（h）和表 8-4 所示尺寸 B，剥切电缆端部主绝缘层。注意不得伤及导电线芯。

（20）确定安装基准。按图 8-7（h）所示尺寸，在冷缩管端口向下 25mm 处，用 PVC 胶带做一标识，此处为冷缩终端安装基准。

（21）绕包半导电带。按图 8-7（i）所示尺寸，半叠绕 Scotch13 半导电胶带两层（一个往返），从铜屏蔽带上 10mm（户外头为 5mm）处开始，绕至主绝缘层 10mm（户外头为 5mm）处，再返回到起始点。注意绕包层表面应连续、光滑。

（22）压接端子。如图 8-7（j）所示，装上接线端子，对称压接，每个端子压两道（当接线端子的宽度大于冷缩终端的内径时，应先套入终端，然后压接接线端子）。注意压接后应去除尖角、毛刺，并清洗干净。

（23）清洁绝缘层表面。用清洁剂清洗电缆绝缘层表面。如果主绝缘层表面有划伤、凹坑或残留半导体，可用120号以下不导电的氧化铝砂纸进行打磨处理。注意切勿使清洁剂碰到外半导电带，不能用擦过接线端子的布擦拭绝缘，打磨后的绝缘外径不得小于接头选用范围。

（24）涂抹硅脂。如图8-7（j）所示，在半导电带与绝缘层搭接处，以及绝缘层表面涂抹硅脂。注意涂抹应均匀，不得遗漏。

（25）绕包自黏带。用Scotch23自黏带填平接线端子与绝缘之间的空隙。注意绕包层表面应连续、光滑。

（26）安装冷缩终端。如图8-7（j）所示，套上冷缩式终端（QTⅡ），定位于PVC标识带处，逆时针抽掉芯绳，使终端收缩固定。注意收缩时不要向前推冷缩终端，以免向内翻卷；定位必须在标识处。

（27）包绕绝缘带。如图8-7（j）所示，从绝缘管开始至接线端子上，半叠绕Scotch70绝缘带两层（一个来回）。注意绕包时应尽力拉伸绝缘带，绕包层表面应连续、光滑。

第四节　15kV三芯交联电缆冷缩中间接头制作工艺

（1）校直电缆。将电缆校直，两端重叠200～300mm确定接头中心后，在中心处锯断。

（2）剥切外护套。按图8-8所示尺寸500mm和700mm，剥切两端电缆外护套。注意清洁切口处50mm内的电缆外护套。

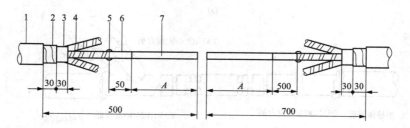

图8-8　15kV三芯交联电缆冷缩中间接头剥切图（mm）

1—外护套；2—钢带；3—内护套；4—铜屏蔽带；5—Scotch13半导电胶带；6—外半导屏蔽；7—主绝缘

（3）剥切铠装层。两端自外护套切口处各保留30mm（去漆）铠装层，并用扎线将钢带牢固绑扎，其余剥切，然后用PVC胶带将钢带切口的锐边包覆住。注意切割深度不得超过铠装厚度的2/3，切口应平齐，不应有尖角、锐边，切割时勿伤内层结构。

（4）剥切内衬层及填充物。两端自铠装切口处各保留30mm内衬层，其余及其填充物剥除。注意不得伤及铜屏蔽层。

（5）剥切铜屏蔽层。按图8-8和表8-5所示尺寸$A+50$mm，剥切两端电缆的铜屏蔽层。注意切口应平齐，不得留有尖角。其他各相照此方法施工。

表 8-5

表 8-5　　　　　　15kV 三芯交联电缆冷缩中间切头选型尺寸参考表

型号	电缆尺寸			A/mm	连接管尺寸	
	绝缘外径/mm	导体截面/mm²			外径/mm	长度/mm
		6/6 6/10	8.7/10 8.7/15			
Ⅰ	17.7～26.0	70～120	50～50	120	14.2～25.0	135
Ⅱ	22.3～33.2	150～240	150～240	125	18.0～33.0	145
Ⅲ	28.4～42.0	300～400	300～400	175	23.3～42.0	220

注　电缆绝缘外径为选型的最终决定因素,导体截面为参考。

（6）剥切外半导电层。按图 8-8 所示尺寸,保留铜屏蔽切口 50mm 以内的外半导电层,其余剥切。注意切口应平齐,不留残迹(用清洗剂清洁绝缘层表面),切勿伤及主绝缘层。其他各相照此方法施工。

（7）剥切主绝缘层。按图 8-9（a）所示尺寸,在电缆两端按 1/2 接管长＋5mm 的长度,剥切主绝缘层。注意不得伤及导电线芯。其他各相照此方法施工。

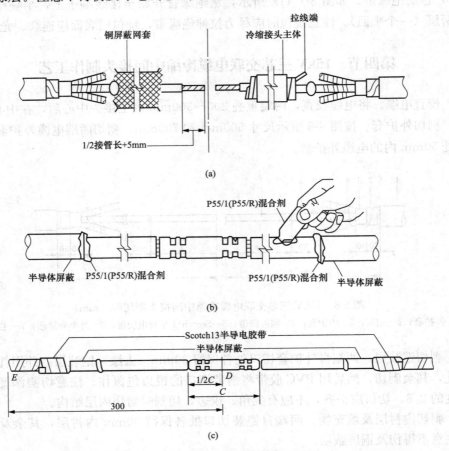

图 8-9　15kV 三芯交联电缆冷缩中间接头施工示意图（mm）（一）
（a）剥切主绝缘层并套入管材；（b）涂抹混合剂；（c）确定校验点

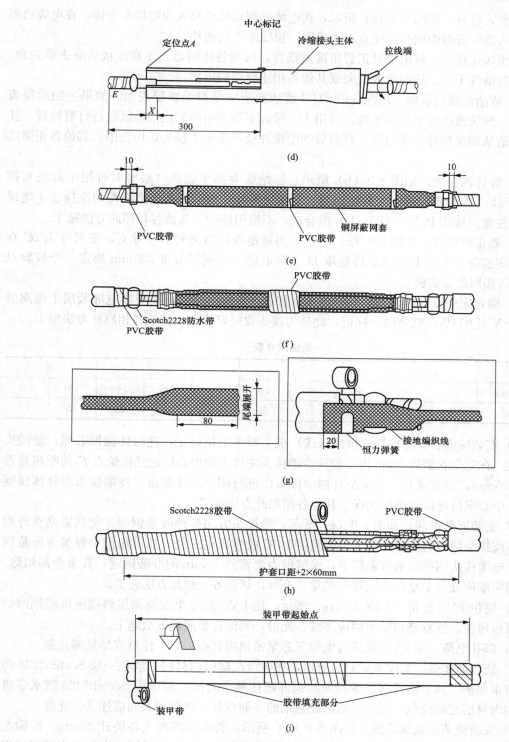

图 8-9　15kV 三芯交联电缆冷缩中间接头施工示意图（mm）（二）
(d) 确定定位点；(e) 安装屏蔽铜网并绕包 PVC 胶带；
(f) 绕包防水带；(g) 安装铠装接地编织带；(h) 绕包 PVC 带；(j) 绕包装甲带

（8）套入管材。如图 8-9（a）所示，在电缆的剥切长端套入冷缩接头主体，在电缆的剥切短端套入铜屏蔽编织网套。注意不得遗漏，拉线端方向朝外。

（9）压接连接管。将电缆对正后压接连接管，两端各压两道。注意压接后应去除尖角、毛刺，并且清洗干净。按照此方法完成其他各相连接管的压接。

（10）清洁绝缘层表面。用配备的 CC-3 清洁剂清洗电缆绝缘层表面。如果主绝缘层表面有划伤、凹坑或残留半导体颗粒，可用 120 号以下不导电的氧化铝砂纸进行打磨处理。注意切勿使清洁剂碰到外半导电层，打磨后的绝缘外径不得小于接头选用范围。其他各相照此方法施工。

（11）涂抹混合剂。如图 8-9（b）所示，待绝缘表面干燥后（必要时可用不起毛布擦拭），将 P55/1 混合剂涂抹在半导体层与主绝缘交界处，然后把其余涂料均匀涂抹在主绝缘表面上。注意只能用 P55/1（P55/R）混合剂，不能用硅脂。其他各相照此方法施工。

（12）确定校验点。如图 8-9（c）所示，测量绝缘端口之间的尺寸 C，按尺寸 $1/2C$ 在接管上确定实际中心点 D，然后按量取 D 点到电缆一边铜屏蔽带 300mm 确定一个校验点 E。其他各相照此方法施工。

（13）确定定位点。如图 8-9（d）所示，按表 8-6 所示尺寸，在半导电屏蔽层上距离屏蔽层端口 X 处用 PVC 胶带做一标记，此处为接头收缩定位点。其他各相照此方法施工。

表 8-6 定位尺寸表

型号	I					II			III	
导体截面/mm²	50	70	95	120	150	150	185	240	300	400
X/mm	35	35	30	25	25	35	30	25	30	25

（14）安装冷缩管。将冷缩（预扩张式）接头对准定位标记，逆时针抽掉芯绳，使接头收缩固定。在完全收缩后 5min 内，校验冷缩接头主体上的中心标记到校验点 E 的距离是否确实是 300mm，如有偏差，尽快左右抽动接头以进行调整。注意由于冷缩接头为整体预制式结构，中心定位应做到准确无误。其他各相照此方法施工。

（15）安装屏蔽铜网。如图 8-9（e）所示，沿接头方向拉伸收紧铜网，使其紧贴在冷缩管上至电缆接头两端的铜屏蔽层上，中间用 PVC 胶带固定三处，然后用恒力弹簧将屏蔽铜网固定在电缆接头两端的铜屏蔽层上，保留恒力弹簧外 10mm 的屏蔽铜网，其余全部切除。注意铜网两端应处理平整，不应留有尖角、毛刺。其他各相照此方法施工。

（16）绕包 PVC 胶带。如图 8-9（e）所示，用 PVC 胶带半叠绕两层将固定屏蔽铜网的恒力弹簧包覆住。注意绕包层表面应连续、光滑。其他各相照此方法施工。

（17）绑扎电缆。用 PVC 胶带将电缆三芯紧密地绑扎在一起。注意应尽量绑扎紧。

（18）绕包防水带。如图 8-9（f）所示，在电缆两端的内衬层上绕包一层 Scotch2228 防水带做防水保护。如果需要将钢带接地与铜屏蔽接地分离时，还应用 Scotch2228 防水带将电缆两端内衬层之间统包一层。注意涂胶黏剂的一面朝外，绕包层表面应连续、光滑。

（19）安装铠装接地编织线。如图 8-9（g）所示，将编织线两端各展开 80mm，贴附在电缆接头两端的防水带、钢带上，并与电缆外护套搭接 20mm，然后用恒力弹簧将编织线固定在电缆钢带上（搭接在电缆外护套上的部分反折回来一并固定在钢带上）。

（20）绕包 PVC 胶带。如图 8-9（h）所示，用 PVC 胶带半叠绕两层，将电缆两端的铠装层和固定编织线的恒力弹簧包覆住。注意不要包在 Scotch2228 防水带上，绕包层表面应连续、光滑。

（21）绕包防水带。在整个接头处半叠绕 Scotch2228 防水带做防水保护，并与两端护套搭接 60mm。注意防水带涂胶黏剂的一面朝里，绕包层表面应连续、光滑。

（22）绕包装甲带。如图 8-9（i）所示，在整个接头处半叠绕 Armorcast 装甲带做机械保护，并覆盖全部防水带。注意绕包层表面应连续、光滑；为得到最佳效果，30min 内不得移动电缆。

第五节　35kV 单芯交联电缆冷缩终端接头制作工艺

（1）剥切外护套。按图 8-10 和表 8-7 所示尺寸 $A+B$，剥切外护套。注意清洁切口处 50mm 内的电缆外护套。

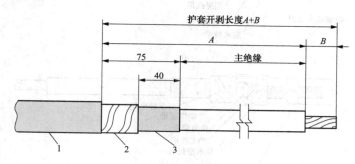

图 8-10　35kV 单芯交联电缆冷缩终端接头剥切图（mm）
1—电缆护套；2—铜屏蔽带；3—外半导电层

表 8-7　　　　　　35kV 单芯交联电缆冷缩终端接头选型尺寸参考表

型号	导体截面/mm²	绝缘外径/mm	护套外径/mm	A/mm	B/mm
I	50～185	26.7～45.7	35.3～61.0	410	端子孔深+5
II	240～630	38.9～58.9	46.8～71.1	420	

注　电缆绝缘外径为选型的最终决定因素，导体截面为参考。

（2）剥切铜屏蔽层。按图 8-10 所示尺寸，保留外护套切口 35mm 以内的铜屏蔽层，其余剥切。注意为防止铜屏蔽带松散，可用 PVC 胶带临时固定；切口应平齐，不得留有尖角。

（3）剥切外半导电层。按图 8-10 所示尺寸，保留铜屏蔽切口 40mm 以内的外半导电层，其余剥切。注意切口应平齐，不留残迹（用清洗剂清洁绝缘层表面），切勿伤及主绝缘层。

（4）剥切主绝缘层。按图 8-10 所示尺寸 B，剥除主绝缘层。注意不得伤及导电线芯。

（5）第一层防水处理。如图 8-11（a）所示，在护套切口下 6mm 处，用防水胶带做一道防水口。注意绕包层表面应连续、光滑。

（6）确定收缩基准。如图 8-11（b）所示，从电缆半导电层端部向下量取 115mm，用 PVC 胶带做明显标记，此处为冷缩绝缘管的收缩基准。注意标识位置必须准确。

（7）安装地线。如图 8-11（b）所示，在外护套切口的边缘，用恒力弹簧将接地线固定在铜屏蔽层上。注意恒力弹簧的缠绕方向应顺着电缆铜屏蔽带的方向，接地线不应留有尖

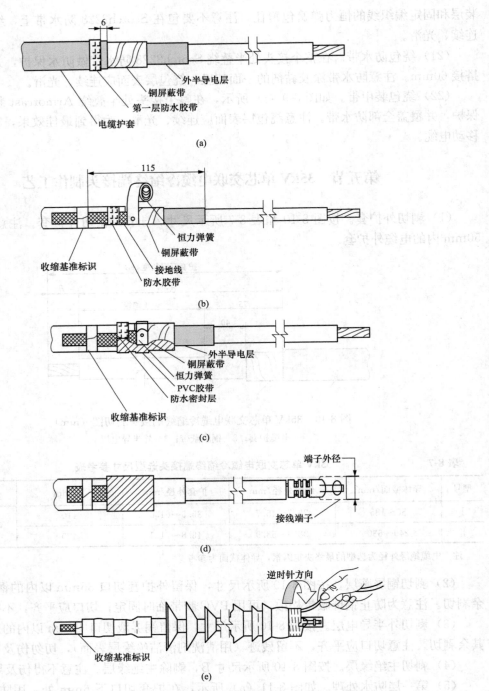

图 8-11　35kV 单芯交联电缆冷缩终端接头施工示意图（mm）

（a）第一层防水处理；（b）确定收缩基准并安装地线；（c）绕包 PVC 带；（d）压接端子；（e）安装冷缩终端

角、毛刺。

（8）第二层防水处理。在电缆外护套切口下的第一层防水胶带上再绕包两层防水胶带，把地线夹在中间。注意两次绕包的防水胶带必须重叠，绕包层表面应连续、光滑。

（9）绕包 PVC 带。如图 8-11（c）所示，半叠绕 PVC 胶带将铜屏蔽层、恒力弹簧及防水胶带覆盖住。注意严禁包住外半导电层，绕包层表面应连续、光滑。

（10）压接端子。如图 8-11（d）所示，装上接线端子，对称压接，每个端子压两道。当接线端子的宽度大于冷缩终端的内径时，应先套入终端（不必收缩），然后压接接线端子。注意压接后应去除尖角、毛刺，并清洗干净。

（11）绕包胶带。当接线端子的外径小于表 8-7 中电缆绝缘外径选型范围的最小值时，应在接线端子上绕包所配备的胶带，直到其外径达到选型范围。

（12）清洁绝缘层表面。用清洁剂清洗电缆绝缘层表面。如果主绝缘层表面有划伤、凹坑或残留半导体，可用 120 号以下不导电的氧化铝砂纸进行打磨处理。注意切勿使清洁剂碰到外半导电层，严禁打磨半导电层，打磨后的绝缘外径不得小于接头选用范围。

（13）安装冷缩终端。如图 8-11（e）所示，套上冷缩（预扩张式）终端，定位于标识带处，逆时针抽掉芯绳，使终端收缩固定。注意收缩时不要向前推冷缩终端，以免向内翻卷；定位必须在标识处。收缩后可用手在终端头顶部撸一下，以加快其回缩。

第六节　35kV 单芯交联电缆冷缩中间接头制作工艺

（1）校直电缆。将电缆校直，两端重叠 200～300mm 确定接头中心后，在中心处锯断。

（2）剥切外护套。按图 8-12 和表 8-8 所示尺寸 $A+140mm$，剥切外护套。注意清洁两端电缆切口处 50mm 内的电缆外护套。

表 8-8　　　　　35kV 单芯交联电缆冷缩中间接头尺寸参考表

导体截面 /mm²	绝缘外径 /mm	连接管外径 /mm	连接管最大长度 /mm	A/mm	
				≤300mm²	400mm²
185～500	33.3～53.8	22.1～53.8	197	215	205

注　电缆绝缘外径为选型的最终决定因素，导体截面为参考。

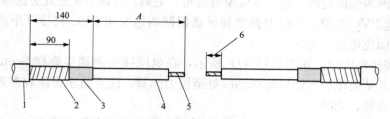

图 8-12　35kV 单芯交联电缆冷缩中间接头剥切图（mm）
1—电缆护套；2—铜屏蔽带；3—外半导电层；4—主绝缘；5—导体；6—1/2 接管长＋10mm

（3）剥切铜屏蔽层。按图 8-12 所示尺寸，保留外护套切口 90mm 以内的铜屏蔽层，其余剥切。注意切口应平齐，不得留有尖角。

（4）剥切外半导电层。按图 8-12 所示尺寸，保留铜屏蔽切口 50mm 以内的外半导电层，其余剥切。注意切口应平齐，不留残迹（用清洗剂清洁绝缘层表面），切勿伤及主绝缘层。

（5）剥切主绝缘层。按图 8-12 所示尺寸（1/2 接管长＋10mm），剥切主绝缘层。注意主绝缘切除长度不得超过 108mm，不得伤及导电线芯。

（6）绕包半导电带。按图 8-13（a）所示尺寸，半叠绕 Scotch13 半导电胶带两层（一个往返），从铜屏蔽带上 40mm 处开始，绕至外半导电层 10mm 处。注意绕包端口应十分平整，绕包层表面应连续、光滑。

（7）套入管材。如图 8-13（b）所示，分别将屏蔽铜网套、连接管适配器、冷缩中间接头主体和冷缩护套管套入两端电缆上。注意不得遗漏。

（8）压接连接管。将电缆对正后对称压接连接管，两端各压两道。注意压接后应去除尖角、毛刺，并且清洗干净；连接管压接后延伸长度不得超过 13mm（尤其是铝芯电缆）。

（9）安装连接管适配器。将冷缩连接管适配器置于连接管中心位置上，逆时针抽掉芯绳，使其定位于连接管中心。注意定位应准确。

（10）确定基准点。如图 8-13（c）所示，测量绝缘端口之间尺寸 C，按尺寸 1/2C 在连接管适配器上确定实际中心点 D，然后在外半导电层上距离 D 点 240mm 处用 PVC 胶带做一个明显标记，此处为冷缩中间接头收缩的基准点。

（11）清洁绝缘层表面。用所配的清洁剂（CC-3）清洗电缆绝缘层表面。如果主绝缘层表面有划伤、凹坑或残留半导体，可用 120 号以下不导电的氧化铝砂纸进行打磨处理。注意勿使清洁剂碰到外半导电层，打磨后的绝缘外径不得小于接头选用范围。

（12）涂抹混合剂。如图 8-13（d）所示，将红色 P55/R 绝缘混合剂涂抹在半导体层与主绝缘交界处，然后把其余涂料均匀涂抹在主绝缘表面上。注意只能用红色的 P55/R 绝缘混合剂，不能用硅脂。

（13）安装冷缩中间接头。如图 8-13（e）所示，将冷缩中间接头对准定位标记，逆时针抽掉芯绳，使接头收缩固定。注意中间接头必须搭接电缆两端的半导电层；收缩时不要向前推冷缩中间头，以免向内翻卷。

（14）安装屏蔽铜网。如图 8-13（f）所示，沿接头方向拉伸收紧铜网，使其对称紧贴在冷缩管上至电缆接头两端的铜屏蔽层上，中间用 PVC 胶带固定四处。然后用恒力弹簧将屏蔽铜网固定在电缆接头两端的铜屏蔽层上，保留恒力弹簧外 10mm 的屏蔽铜网，其余全部切除。注意铜网两端应处理平整，不应留有尖角、毛刺。其他各相照此方法施工。

（15）绕包 PVC 胶带。在恒力弹簧和屏蔽铜网的边缘用 PVC 胶带（半叠绕）包覆住。注意绕包层表面应连续、光滑。

（16）绕包防水胶带。如图 8-13（f）所示，在电缆接头两端半叠绕 Scotch2228 防水胶带做防水保护，从电缆护套切口前 60mm 处至恒力弹簧。注意防水带涂胶黏剂的一面朝里，绕包层表面应连续、光滑。

（17）安装冷缩护套管。如图 8-13（g）所示，将冷缩护套管对准 Scotch2228 防水带的边缘，逆时针抽掉芯绳，使护套管收缩固定。注意护套管必须覆盖电缆两端的防水带。

（18）绕包防水胶带。如图 8-13（g）所示，从冷缩护套管端部外的 60mm（电缆护套）处，搭接冷缩护套管 30mm，半叠绕两层 Scotch2228 防水胶带。注意绕包层表面应连续、光滑。

（19）绕包 PVC 胶带。在冷缩护套管两端的防水带上半叠绕 PVC 胶带，将其覆盖住。注意绕包层表面应连续、光滑。

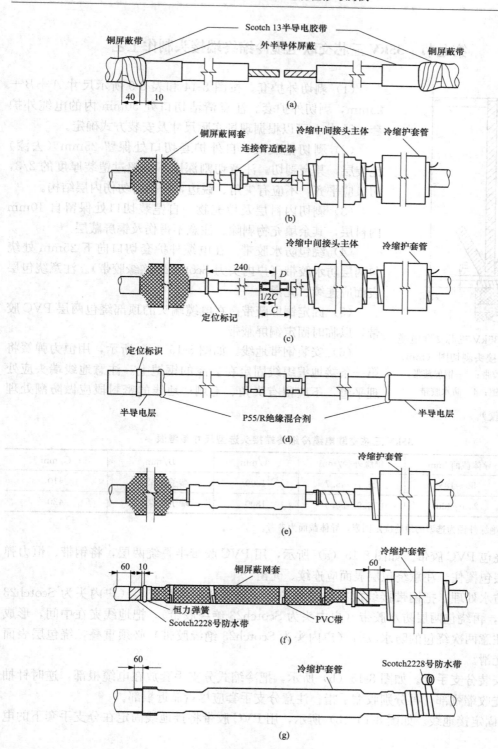

图 8-13　35kV 单芯交联电缆冷缩中间接头施工示意图（mm）

(a) 绕包半导电线；(b) 套入管材；(c) 确定基准点；(d) 涂抹混合剂；(e) 安装冷缩中间接头；
(f) 安装屏蔽铜网并绕包防水胶带；(g) 安装冷缩护套管并绕包防水胶带

第七节　35kV 三芯交联电缆冷缩终端接头制作工艺

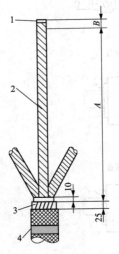

图 8-14　35kV 三芯交联电缆
冷缩终端接头剥切图（mm）

1—固定胶带；2—铜屏蔽带；
3—钢铠；4—防水胶带

（1）剥切外护套。按图 8-14 和表 8-9 所示尺寸 $A+B+25mm$，剥切外护套。注意清洁切口处 50mm 内的电缆外护套，尺寸 A 可以根据现场实际尺寸及安装方式确定。

（2）剥切铠装层。自外护套切口处保留 25mm（去漆）铠装层，其余剥切。注意切割深度不得超过铠装厚度的 2/3，切口应平齐，不应有尖角、锐边，切割时勿伤内层结构。

（3）剥切内衬层及填充物。自铠装切口处保留自 10mm 内衬层，其余填充物剥除。注意不得伤及铜屏蔽层。

（4）绕包防水胶带。在电缆外护套切口向下 25mm 处绕包两层防水胶带（户内头为 Scotch23 绝缘胶带）。注意绕包层表面应连续、光滑。

（5）固定铜屏蔽带。在电缆端头的顶部绕包两层 PVC 胶带，以临时固定铜屏蔽带。

（6）安装钢带地线。如图 8-15（a）所示，用恒力弹簧将第一条接地编织线固定在去漆的钢铠上。注意地线端头应处理平整，不应留有尖角、毛刺；地线的密封段应做防潮处理（绕包密封胶）。

表 8-9　35kV 三芯交联电缆冷缩终端接头选型尺寸参考表

型号	导体截面/mm²	绝缘外径/mm	A/mm	B/mm	C/mm
Ⅰ	50～185	26.7～45.7	1800	端子孔深+5	410
Ⅱ	240～400	38.9～58.9	1800	端子孔深+5	420

注　电缆绝缘外径为选型的最终决定因素，导体截面为参考。

（7）绕包 PVC 胶带。如图 8-15（a）所示，用 PVC 胶带半叠绕两层，将钢带、恒力弹簧及内衬层包覆住。注意绕包层表面应连续、光滑。

（8）防水处理。把钢带接线放在电缆外护套切口下的防水胶带上（户内头为 Scotch23 绝缘胶带），再绕包两层防水胶带（户内头为 Scotch23 绝缘胶带），把地线夹在中间，形成防水口。注意两次绕包的防水胶带（户内头为 Scotch23 绝缘胶带）必须重叠，绕包层表面应连续、光滑。

（9）安装分支手套。如图 8-15（b）所示，把冷缩式分支手套放在电缆根部，逆时针抽掉芯绳，先收缩颈部，再分别收缩手指。注意分支手套应尽量靠近根部。

（10）固定接地线。如图 8-15（b）所示，用 PVC 胶带将接地线固定在分支手套下的电缆护套上。

（11）安装冷缩管。如图 8-15（c）所示，在三根电缆线芯上依次套入第一根冷缩式套管，与三叉手套的手指搭接 15mm，逆时针抽掉芯绳，使其收缩。然后同样安装第二根、第三根冷缩式套管，每根套管与前一根套管搭接。注意定位必须准确。

（12）校验尺寸。校验电缆端头顶部到第三根冷缩式套管上端口的尺寸 L。注意要求尺寸准确。

（13）剥切冷缩管。如果 $L=C+B$[L 为图 8-15（c）中所标识出来的尺寸，C 为图 8-13（c）中所示标识出来的尺寸，B 为图 8-14 中所标识出来的尺寸]，则可跳过本步而直接进行下一步；如果 $L<C+B$，则应剥切多余的冷缩管，直到 $L=C+B$。注意切除时，应用 PVC 胶带固定好切割部位后环切，严禁轴向切割；切割端口应平整、光滑，无毛刺、划痕、裂口；不得伤及铜屏蔽层。

（14）剥切铜屏蔽层。按图 8-15（d）所示尺寸，从冷缩管上端口保留 35mm 以内的铜屏蔽层，其余剥切。注意切口应平齐，不得留有尖角。

（15）剥切外半导电层。按图 8-15（d）所示尺寸，保留铜屏蔽切口 40mm 以内的外半导电层，其余剥切。注意切口应平齐，不留残迹（用清洗剂清洁绝缘层表面），切勿伤及主绝缘层。

（16）清洁绝缘层表面。用清洁剂清洗电缆绝缘层表面。如果主绝缘层表面有划伤、凹坑或残留半导体，可用 120 号以下不导电的氧化铝砂纸进行打磨处理。注意切勿使清洁剂碰到外半导电层，严禁打磨半导电层，打磨后的绝缘外径不得小于接头选用范围。

（17）绕包防水胶带。按图 8-15（d）所示尺寸，在冷缩管切口向下 6mm 处绕包一层防水胶带。注意绕包层表面应连续、光滑。

（18）剥切主绝缘层。按表 8-9 所示尺寸 B，剥切电缆端部主绝缘层。注意不得伤及导电线芯。

（19）确定安装基准。按图 8-15（e）所示尺寸，从电缆外半导电层端部往下量取 115mm 处，用 PVC 胶带做一明显标识，此处为冷缩终端安装基准。

（20）安装铜带地线。如图 8-15（e）所示，用恒力弹簧把接地线固定在三根线芯的铜屏蔽层根部。注意地线端头应处理平整，不应留有尖角、毛刺；地线的密封段应做防潮处理（绕包密封胶）。

（21）防水处理。把铜带地线放在冷缩管切口下的防水胶带上，再绕包一层防水胶带，把地线夹在中间，形成防水口。注意两次绕包的防水胶带必须重叠，绕包层表面应连续、光滑。

（22）绕包 PVC 胶带。如图 8-15（f）所示，用 PVC 胶带半叠绕两层（一个来回），将铜带、恒力弹簧及防水带包覆住。注意严禁包住外半导电层，绕包层表面应连续、光滑。

（23）压接端子。如图 8-15（g）所示，装上接线端子，对称压接，每个端子压两道。当接线端子的宽度大于冷缩终端的内径时，应先套入终端（不必收缩），然后压接接线端子。注意压接后应去除尖角、毛刺，并清洗干净。

（24）绕包胶带。用胶带填平接线端子与绝缘之间的空隙，当接线端子的外径小于表 8-9 中电缆绝缘外径选型范围的最小值时，应在接线端子上绕包所配备的胶带，直到其外径达到选型范围。注意绕包层表面应连续、光滑。

（25）涂抹硅脂。在半导电层与绝缘层搭接处，以及绝缘层表面涂抹硅脂。注意涂抹应均匀，不得遗漏。

（26）安装冷缩终端。如图 8-15（h）所示，套上冷缩式终端（QTⅢ），定位于 PVC 标识带处，逆时针抽掉芯绳，使终端收缩固定。注意收缩时不要向前推冷缩终端，以免向内翻卷；定位必须在标识处。收缩后可用手在终端头顶部撸一下，以加快其回缩。

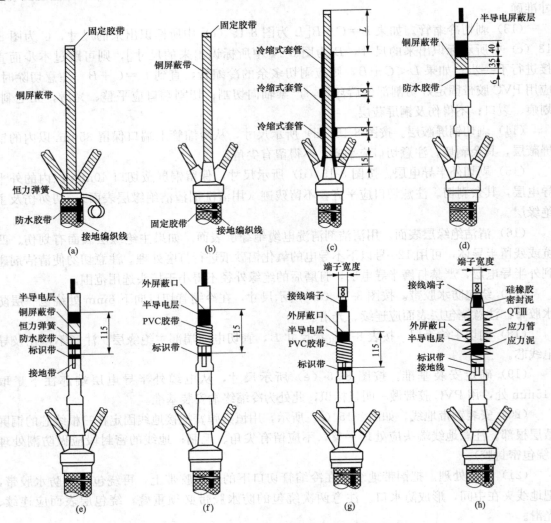

图 8-15　35kV 三芯交联电缆冷缩终端接头施工示意图（mm）

（a）安装钢带地线并绕包 PVC 胶带；（b）安装分支手套并固定接地线；（c）安装冷缩管；（d）剥切铜屏蔽层、外半导电层并绕包防水胶带；（e）确定安装基准并安装铜带地线；（f）绕包 PVC 胶带；（g）压接端子；（h）安装冷缩终端

第八节　35kV 三芯交联电缆冷缩中间接头制作工艺

（1）校直电缆。将电缆校直，两端重叠 200～300mm 确定接头中心后，在中心处锯断。

（2）剥切外护套。按图 8-16 所示尺寸 600mm（Ⅲ型为 700mm）和 800mm（Ⅲ型为 900mm），剥切两端电缆外护套。注意清洁切口处 50mm 内的电缆外护套。

（3）剥切铠装层。按图 8-16 所示尺寸，两端自外护套切口处各保留 30mm（去漆）铠装层，并用扎线将钢带牢固绑扎，其余剥切，然后用 PVC 胶带将钢带切口的锐边包覆住。注意切割深度不得超过铠装厚度的 2/3，切口应平齐，不应有尖角、锐边，切割时勿伤内层结构。

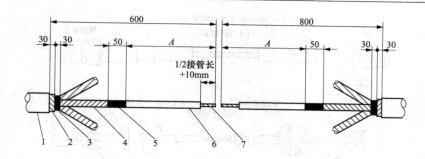

图 8-16　35kV 三芯交联电缆冷缩中间接头剥切图（mm）
1—电缆护套；2—铠装；3—内护套；4—铜屏蔽带；5—外半导电层；6—主绝缘；7—导体

（4）剥切内衬层及填充物。按图 8-16 所示尺寸，两端自铠装切口处各保留 30mm 内衬层，其余及其填充物剥切。注意不得伤及铜屏蔽层。

（5）剥切铜屏蔽层。按图 8-16 和表 8-10 所示尺寸 $A+50$mm，剥切两端电缆的铜屏蔽层。注意切口应平齐，不得留有尖角。其他各相照此方法施工。

表 8-10　　　　　　　　　35kV 三芯交联电缆冷缩中间接头选型尺寸参考表

型号	电缆尺寸				连接行尺寸	
	绝缘外径 /mm	导体截面/mm²		A/mm	外径 /mm	长度 /mm
		铝芯	铜芯			
Ⅰ	26.7～42.7	50～70	50～95	185	13.0～19.3	160
Ⅱ	26.7～42.7	95～150	120～150	180	17.4～26.7	160
Ⅲ	33.3～53.8	185～500	185～300	215	22.1～53.8	197
			400	205		

注　电缆绝缘外径为选型的最终决定因素，导体截面为参考。

（6）剥切外半导电层。按图 8-16 所示尺寸，保留铜屏蔽切口 50mm 以内的外半导电层，其余剥切。注意切口应平齐，不留残迹（用清洗剂清洁绝缘层表面），切勿伤及主绝缘层。其他各相照此方法施工。

（7）剥切主绝缘层。按图 8-16 所示尺寸，在电缆两端按 1/2 接管长＋10mm 的长度，剥切主绝缘层。注意不得伤及导电线芯。其他各相照此方法施工。

（8）绕包半导电带。按图 8-17（a）所示尺寸，半叠绕 Scotch13 半导电胶带两层（一个往返），从铜屏蔽带上 40mm 处开始，绕至外半导电层 10mm 处。注意绕包端口应十分平整，绕包层表面应连续、光滑。其他各相照此方法施工。

（9）套入管材。如图 8-17（b）所示，在电缆的剥切长端套入冷缩中间接头主体，在电缆的剥切短端套入铜屏蔽编织网套和连接管适配器。注意拉线端方向朝外；Ⅰ型选用白色芯绳的连接管适配器，Ⅱ型选用红色芯绳的连接管适配器；不得遗漏。其他各相照此方法施工。

（10）压接连接管。将电缆对正后对称压接连接管，两端各压两道。注意连接管压接后延伸长度不得超过 13mm（尤其是铝芯电缆），压接后电缆两端半导电层之间距离不得超过 375mm（Ⅲ型为 413mm）。压接后应去除尖角、毛刺，并且清洗干净。其他各相照此方法施工。

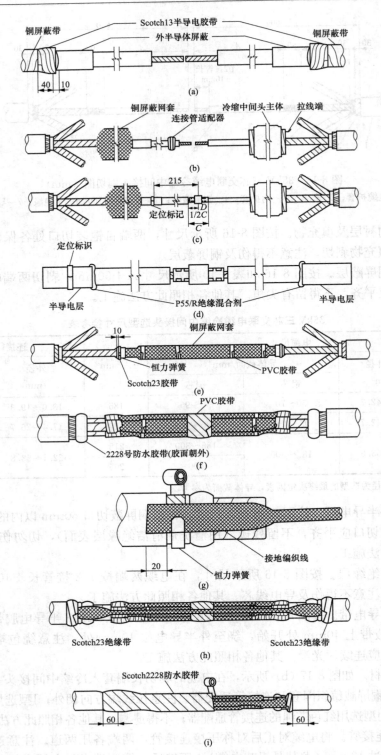

图 8-17　35kV 三芯交联电缆冷缩中间接头施工示意图（mm）

(a) 绕包半导电带；(b) 套入管材；(c) 确定基准点；(d) 涂抹混合剂；(e) 安装屏蔽铜网并绕包 Scotch 胶带；
(f) 绑扎电缆并绕包防水带；(g) 安装铠装接地编织线；(h) 绕包 Scotch23 胶带；(i) 绕包防水带和装甲带

(11) 安装连接管适配器。将冷缩连接管适配器置于连接管中心位置上，逆时针抽掉芯绳，使其定位于连接管中心。注意定位应准确。

(12) 确定基准点。如图 8-17（c）所示，测量绝缘端口之间尺寸 C，按尺寸 $1/2C$ 在连接管适配器上确定实际中心点 D，然后在外半导电层上距离 D 点 215mm（Ⅱ型 240mm）处用 PVC 胶带做一个明显标记，此处为冷缩中间头收缩的基准点。

(13) 清洁绝缘层表面。用配备的 CC-3 清洁剂清洗电缆绝缘层表面。如果主绝缘层表面有划伤、凹坑或残留半导体颗粒，可用 120 号以下不导电的氧化铝砂纸进行打磨处理。注意切勿使清洁剂碰到外半导电层，打磨后的绝缘外径不得小于接头选用范围。其他各相照此方法施工。

(14) 涂抹混合剂。如图 8-17（d）所示，待绝缘表面干燥后（必要时可用不起毛布擦拭），将 P55/R 绝缘混合剂涂抹在半导电层与主绝缘交界处，然后把其余涂料均匀涂抹在主绝缘表面上。注意只能用红色 P55/R 绝缘混合剂，不能用硅脂。其他各相照此方法施工。

(15) 安装冷缩中间接头。将冷缩（预扩张式）接头对准 PVC 胶带的定位标记，逆时针抽掉芯绳，使接头收缩固定。注意中间接头必须搭接电缆两端的半导电层；收缩时不要向前推冷缩中间接头，以免向内翻卷。其他各相照此方法施工。

(16) 安装屏蔽铜网。如图 8-17（e）所示，沿接头方向拉伸收紧铜网，使其对称紧贴在冷缩管上至电缆接头两端的铜屏蔽层上，中间用 PVC 胶带固定四处。然后用恒力弹簧将屏蔽铜网固定在电缆接头两端的铜屏蔽层上，保留恒力弹簧外 10mm 的屏蔽铜网，其余全部切除。注意铜网两端应处理平整，不应留有尖角、毛刺。其他各相照此方法施工。

(17) 绕包 Scotch23 胶带。如图 8-17（e）所示，用 Scotch23 胶带半叠绕两层，将固定屏蔽铜网的恒力弹簧及铜网边缘包覆住。注意绕包层表面应连续、光滑。其他各相照此方法施工。

(18) 绑扎电缆。如图 8-17（f）所示，用 PVC 胶带将电缆三芯紧密地绑扎在一起。注意应尽量绑扎紧。

(19) 绕包防水带。如图 8-17（f）所示，在电缆两端的内衬层上绕包一层 Scotch2228 防水胶带做防水保护。如果需要将钢带接地与铜屏蔽接地分离，还应用 Scotch2228 防水胶带将电缆两端内衬层之间统包一层。注意涂胶黏剂的一面朝外，绕包层表面应连续、光滑。

(20) 安装铠装接地编织线。如图 8-17（g）所示，将编织线两端各展开 80mm，贴附在电缆接头两端的防水带、钢带上，并与电缆外护套搭接 20mm，然后用恒力弹簧将编织线固定在电缆钢带上（搭接在电缆外护套上的部分反折回来一并固定在钢带上）。

(21) 绕包 Scotch23 胶带。如图 8-17（h）所示，用 Scotch23 胶带半叠绕两层，将电缆两端的铠装层和固定编织线的恒力弹簧包覆住。注意不要包在 Scotch2228 防水胶带上，绕包层表面应连续、光滑。

(22) 绕包防水带。如图 8-17（i）所示，在整个接头处半叠绕 Scotch2228 防水胶带做防水保护，并与两端护套搭接 60mm。注意防水胶带涂胶黏剂的一面朝里，绕包层表面应连续、光滑。

(23) 绕包装甲带。如图 8-17（i）所示，在整个接头处半叠绕 Armorcast 装甲带做机械保护，并覆盖全部防水胶带。注意绕包层表面应连续、光滑；为得到最佳效果，30min 内不得移动电缆。

第九章　电力电缆测试

第一节　电力电缆导体线芯及铜屏蔽层直流电阻试验

电力电缆导体是电力电缆最主要的组成部分，包括导体芯线、金属屏蔽层、金属铠装护套，实际中人们最关心的是导体芯线和金属屏蔽层，DL/T 596—2005《电力设备预防性试验规程》规定，要对塑料电力电缆的铜屏蔽层电阻和导体芯线电阻进行测量。以下介绍电力电缆线芯及铜屏蔽层直流电阻试验。

一、试验原理和试验目的

1. 试验原理

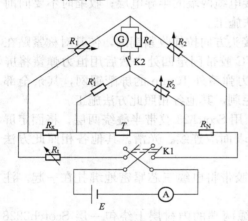

图 9-1　双臂电桥

E—直流电源；R_N—标准电阻；R_t—变阻器；
R_x—被测电阻；R_f—分流器；K1—检流计开关；
K2—直流电源开关；T—跨线电阻；R_1、R_1'、
R_2、R_2'—电桥桥臂电阻；A—电流表

测量系统由双臂电桥组成，其测量范围为 11 及以下，电桥准确度应不低于 0.2 级。当电桥平衡时，改变桥臂电阻值的 0.5% 时，检流计的偏转应不小于 1 格。标准电阻的准确度应不低于 0.1 级。双臂电桥的电位引接线的总电阻应不大于 0.02，标准电阻与被测电阻间的连接线电阻应不大于标准电阻。双臂电桥如图 9-1 所示。

2. 试验目的

检查电力电缆多股线芯是否有断股情况，电力电缆铜屏蔽层有无断裂。电力电缆导体的直流电阻是在交接和大修后必不可少的试验项目，也是故障后的重要检查项目。

二、试验准备

（1）从被试电力电缆上去除导电线芯外表面的绝缘、护套或其他覆盖物。去除表面的绝缘时应小心进行，防止损伤金属导体。

（2）若为成盘电力电缆，可直接进行同相两端测量；若电力电缆已敷设，则通过有效短接一端三个芯线，另端测量方式也可。

（3）导电线芯在接入测量系统前，应先清洁其连接部位的导体表面，去除附着物、污秽和油垢，连接处表面的氧化层应尽可能除尽。

（4）被试电力电缆在测试中，环境温度的变化应不超过 ±1℃。测量环境温度时，温度计应离地面至少 1m，离试样应不超过 1m，且两者应大致在同一高度。

（5）用四根截面相同、长度相等的相同导线作为测量引线，否则会引起一定的测量误差。

（6）在电力电缆敷设后对其采用双臂电桥测量时，两个电压端子应在内侧，两个电流端子应在外侧，电力电缆另一端三相和地一定要用铜质粗短线可靠连接。

三、试验接线和试验步骤

（1）用双臂电桥测量时，用四个夹头连接被测电力电缆。电压、电流夹头分开使用。

（2）电力电缆每一端的电压夹头和电流夹头间的距离应不小于电力电缆截面周长的1.5倍。

（3）电力电缆线芯应可靠接地，与测量系统的电流夹头相连接。

（4）测量时应先接通电流回路，后接通检流计，平衡电桥，读取读数，记录至少四位有效数字。

（5）测量完毕，应先断开检流计，后切断电源。

四、试验结果及计算、判断

（1）用双臂电桥测量时，电力电缆导电线芯和铜屏蔽层的电阻 R_x 的计算式为

$$R_x = R_N \frac{R_1}{R_2} (\Omega)$$

式中：R_N 为标准电阻值；R_1、R_2 为电桥平衡时的桥臂电阻值。

（2）为了与出厂及历次测量的数值比较，应将不同温度下测量的直流电阻换算到同一温度，即

$$R_x = R_s \frac{T + t_x}{T + t_a}$$

式中：R_a 为温度为 t_a 时测的电阻；R_x 为温度为 t_x 时测得电阻；T 为系数，铜线为235，铝线为225。

（3）若电力电缆已敷设，则通过有效短接一端三个芯线，另端测量方式的电阻换算方法，如图9-2所示。

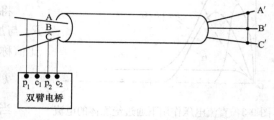

在一端分别测量的线电阻为 R_{AB}、R_{AC}、R_{BC}，当需要换算为相电阻时，可以按下式进行计算，即

图9-2　电力电缆异体芯线直流电阻测试法

$$R_A = (R_{AB} + R_{AC} + R_{BC})/2$$
$$R_B = (R_{AB} + R_{BC} - R_{AC})/2$$
$$R_C = (R_{BC} + R_{AC} - R_{AB})/2$$

（4）测量和计算在相同温度下的铜屏蔽层和导体的直流电阻后，当前者与后者之比与投运前相比增加时，表明铜屏蔽层的直流电阻增大，铜屏蔽层有可能被腐蚀；当该比值与投运前相比减小时，表明附件中的导体连接点的接触电阻有增大的可能。

（5）温度对导体电阻的测量结果影响较大，因此要在同等条件下与出厂报告数值进行对比。

（6）以上数据作为交接原始记录保存，以便为运行提供依据。

五、测量电力电缆导体电阻的意义

在实际抢修工作中，会发现个别厂家使用镀铜的铁皮取代铜屏蔽层，以及铜屏蔽层破损及不连续的现象，这样在电力电缆运行中破损不连续地点将会产生局部放电现象，长时间运行后会形成电力电缆故障。同样，电力电缆中间接头处的导体芯线接触不良，也会在接头产

生电位差，并产生较大的热量，使电力电缆局部的温度升高而形成各种故障。

当测量的三相电阻不平衡率超过 2‰时，应查明原因，特别是在两条电力电缆并联时，如其中某相导体与母排连接发生异常，则接触电阻可能达到或超过某相导体电阻，那么流过与之并联的另两个导体的电流将成倍增加，从而导致热击穿。

第二节　绝缘电阻试验

绝缘电阻是在绝缘体的临界电压以下，施加的直流电压 U_- 与其所含的离子沿电场方向移动形成的电导电流 I_g，应用欧姆定律确定的比值，即

$$R = \frac{U_-}{I_g}$$

一、试验原理和试验目的

1. 试验原理

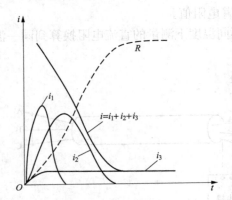

图 9-3　直流电压作用下通过绝缘体的电流
i_1—几何电流；i_2—吸收电流；
i_3—电导电流；i—总电流；R—绝缘电阻

绝缘体在直流电压作用下所通过的电流 i 随加压时间的延长而减小，当加压时间足够长，它的值就趋于恒定的泄漏电流（电导电流）i_3；绝缘电阻随加压时间的延长而增大，并最后趋于恒定。直流电压作用下通过绝缘体的电流如图 9-3 中所示。

将加压时间足够长时（稳态时）的绝缘电阻 R_∞ 与加压时间开始时（起始时）的绝缘电阻 R_0 的比值称为绝缘的吸收比，用 k 表示，即

$$k = \frac{R_\infty}{R_0} = \frac{i_0}{i_\infty} = \frac{i_1 + i_2 + i_3}{i_3} = \frac{i_1 + i_2}{i_3} + 1$$

当绝缘体受潮程度增加时，由于离子数剧增，泄漏电流增长得很快，而充电电流（几何电流）和吸收电流的起始值变化不大。由上式可知，吸收比 k 将明显下降，其极限为 1。因此，根据吸收比的大小，可以进一步判断绝缘的状况。

2. 试验目的

绝缘电阻的测量是检查电缆绝缘状态最简便的辅助方法，它可有效地发现电力电缆绝缘局部或整体受潮和脏污、绝缘严重劣化、绝缘击穿和严重热老化等缺陷。

二、试验接线和试验步骤

1. 试验接线

绝缘电阻通常用绝缘电阻表进行测量，其接线如图 9-4 所示（被试设备为电力电缆绝缘）。一般绝缘电阻表有三个接线端子，分别为线路（L）端子、地（E）端子及屏蔽（G）端子。测量时，将线路端子（L）和地端子（E）分别接于被试绝缘的两端。图 9-4（a）用于测量电力电缆线芯对地的绝缘电阻，端子 L 接电力电缆线芯，端子 E 接电力电缆金属外皮（接地）；图 9-4（b）用于测量电力电缆两线芯间的绝缘电阻，端子 L 和 E 分别接于电力电缆两线芯上。为避免表面泄漏电流对测量造成误差，还应加装保护环，并接到绝缘电阻表屏蔽端子（G）上，以使表面泄漏电流短路，如图 9-4（c）所示。

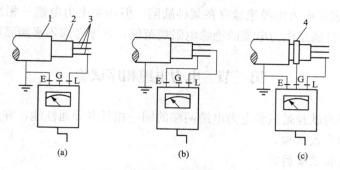

图 9-4　测量绝缘电阻接线

(a) 测量电缆线芯对地的绝缘电阻；(b) 测量电缆两线芯间的绝缘电阻；(c) 加装保护环

1—电缆金属外皮；2—电缆绝缘；3—电缆线芯；4—保护环

2. 试验步骤

(1) 选择绝缘电阻表。通常绝缘电阻表按其额定电压分为 500、1000、2500、5000V 几种，应根据被试设备的额定电压选择绝缘电阻表。

(2) 检查绝缘电阻表。使用前应检查绝缘电阻表是否完好。检查方法：先将绝缘电阻表的接线端子间开路，按绝缘电阻表额定转速（约 120r/min）摇动绝缘电阻表手柄，观察表计指针，应该指"∞"；然后将线路和地端子短路，摇动手柄，指针应该指"0"。

(3) 对被试设备断电和放电。对运行中的设备进行试验前，应确认该设备已断电，并且应对地充分放电。对电容量较大的被试设备（如发电机、电力电缆、大中型变压器、电容器等），放电时间不少于 2min。

(4) 接线。接线中由绝缘电阻表到被试物的连线应尽量短，线路与地端子的连线间应相互绝缘良好。

(5) 测量绝缘电阻和吸收比。保持绝缘电阻表额定转速，均匀摇转其手柄，观察绝缘电阻表指针的指示，同时记录时间。分别读取摇转 15s 和 60s 时的绝缘电阻 R_{15} 和 R_{60}，R_{60}/R_{15} 的比值即为被试设备的吸收比。通常以 R_{60} 作为被试设备的绝缘电阻值。

(6) 对被试设备放电。测量结束后，被试设备对地应进行充分放电，对电容量较大的被试设备，其放电时间同样不应少于 2min。

(7) 记录。记录的内容包括被试设备的名称、编号、铭牌规范、运行位置，试验现场的相对湿度，以及测量被试设备所得的绝缘电阻值和吸收比值等。

三、对试验结果的判断

1. 绝缘电阻值和吸收比值

绝缘电阻值和吸收比值应不低于一般允许值。若低于一般允许值，应进一步分析，查明原因。

2. 试验数值的相互比较

将所测得的绝缘电阻值和吸收比值与该电力电缆历次试验的相应数值进行比较（包括大修前后相应数值比较），与其他同类电力电缆比较、同一电力电缆各相间比较，并用不平衡系数表示，即

$$K = \frac{R_{\max}}{I_{\min}}$$

若 $K > 2$，则表示电力电缆绝缘存在某种缺陷；但如果电力电缆三相绝缘电阻与历史数据相比变化不大，且满足电力电缆的绝缘电阻规范值，可不考虑不平衡系数。

第三节　电力电缆相序试验

电力电缆相序的试验是试验电力电缆两端的同一相具有导通性能，并且判定该相两端为同一根电力电缆的有效试验。

一、试验原理和试验目的

1. 试验原理

将电力电缆的一端被测相的电缆线芯与该电缆终端的直径为 $25mm^2$ 的接地编织带连接，在电力电缆的另一端被测相上用直流电阻表或万用表的直流电阻挡测量，如有相应的直流电阻表指示为零或最接近零，则导体线芯为被测相。依次按此方法对其他两相进行试验。

2. 试验目的

电力电缆敷设完毕，在制作电力电缆终端接头前应进行相位核对，终端接头制作后应进行相位标记。这项工作对于单个用电设备关系不大，但对于输电网络、双电源系统和有备用电源的重要用户，以及有关联的电力电缆运行系统有重要意义，相位不可有错。

二、试验接线和试验步骤

1. 试验接线

三相电力电缆相位的万用表和绝缘电阻表法接线如图 9-5 所示。

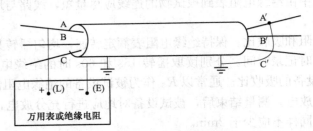

图 9-5　三相电力电缆相位的万用表和绝缘电阻表接线

2. 试验步骤

采用数字万用表法核对相位时，电力电缆两端三相全部悬空，对电力电缆要进行充分放电。在电力电缆的一端，将 A′ 与电力电缆 $25mm^2$ 接地编织带连接，在电力电缆的另一端用电阻挡的万用表红表笔（＋）接在 A 相上，黑表笔（－）接在接地编织带上。当万用表显示电阻为零或接近零时，即检验为同相；反之，电阻为百欧姆或无穷时为异相。

采用绝缘电阻表核对相位时，电力电缆两端三相全部悬空，对电力电缆要进行充分放电。在电力电缆的一端，将 A′ 与电力电缆 $25mm^2$ 接地编织带连接，在电力电缆的另一端用绝缘电阻表的 E 端与接地编织带连接，L 端与 A 相连接。当绝缘电阻表显示为零或接近零时，即检验为同相；反之，电阻为百兆欧姆或无穷时为异相。

三、试验注意事项

（1）试验前后必须对被测电力电缆充分放电。

（2）在核对相序后要及时贴上相序标记。

第四节　直流耐压试验和泄漏电流测量

直流耐压试验是电力电缆工程交接试验的最基本试验，也是判断电力电缆线路能否投入运行的最基本手段。在进行直流耐压试验的同时，要测量泄漏电流。

一、试验原理和目的

1. 试验原理

进行直流耐压试验时，电力电缆导线应接负极性。测量泄漏电流的原理与测量绝缘电阻的原理相同。测量泄漏电流的接线主要有微安表在低压侧和微安表在高压侧两种，两种方式各有优缺点，可根据情况选择。微安表在高压侧的接线方式如图 9-6 所示。这种接线的优点是不受杂散电流的影响，测出的泄漏电流准确；缺点是微安表对地要绝缘并屏蔽，在试验过程中调整微安表要使用绝缘棒，操作不方便。

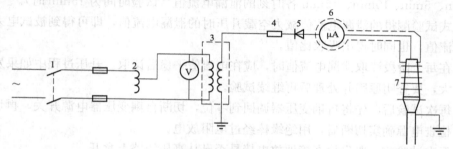

图 9-6　微安表在高压侧的接线方式

1—开关；2—调压器；3—高压试验变压器；4—保护电阻；5—硅整流堆；6—微安表；7—被试电力电缆

2. 试验目的

直流耐压试验是运行部门检查电力电缆抗电强度的常用方法，直流耐压试验不仅电压高，而且较易发现交流耐压试验时不易发现的局部缺陷。这是因为在直流耐压下，绝缘中电压按电阻分布，当电力电缆有缺陷时，电压将主要加在与缺陷部分串联的未损坏部分上，使缺陷更易暴露。

测量泄漏电流的目的是要观察每个阶段电压下电流随时间的下降情况，以及电流随电压逐段升高的增长情况。每当电压刚升至一个阶段，由于电容充电，良好的绝缘电力电缆电流将剧烈上升，然后随时间延长而下降，直至 1min 时的读数为起始读数的 1000～20000。另外，随着电压的逐段升高，泄漏电流基本上按比例增大。电力电缆缺陷主要表现为泄漏电流在电压分段停留时几乎不随时间延长而下降，甚至反而增大；或者电压上升时，电流不成比例地急剧上升。

一般来说，直流耐压试验对检查绝缘中的气泡、机械损伤等局部缺陷比较有效，泄漏电流对检查绝缘老化、受潮比较灵敏。

二、试验步骤

（1）现场准备。直流耐压试验属于高压工作，要根据有关规定做好安全工作。在试验地点周围采取安全措施，防止与试验无关的人员或动物靠近。

（2）折算到低压侧的试验电压。直流耐压试验时，在低压侧用自耦变压器加电压，要先计算出自耦变压器应输出的电压值。例如，对 10kV 的橡塑绝缘电力电缆进行 3.5 倍额定电压的直流耐压试验时，假定试验变压器的电压比为 220V/30kV，由于试验变压器电源为正弦波，需将高压侧电压的有效值乘以 2，变为直流高压值，再计算出五个阶段的加压值，做好记录，准备试验。

（3）根据所确定的接线方式接线，并检查接线是否正确。接地线要可靠，自耦变压器输出置于零位，微安表置于最大量程位置。如果采用微安表在低压侧的接线方式，先将微安表短路隔离开关闭合（每次读数时拉开，读完数闭合）。

（4）合上电源总开关，然后合上自耦变压器电源开关。

（5）先空载升压到试验电压值，记录试验设备及接线的泄漏电流值，同时检查各部分有无异常现象。一切都正常无误后，降回电压，用绝缘棒放电后，准备正式试验。

（6）正式试验时，按所计算的五个阶段电压值缓慢加电压，升压速度控制在 $1\sim 2kV/s$，在各个阶段停 1min，再继续升压，记录各个电压阶段和达到标准试验电压值时及以后 15s、60s、3min、5min、10min、15min 各时刻的泄漏电流值（试验时间为 15min 时）。

用正式试验测得的泄漏电流值减去空载升压时的泄漏电流值，即可得到被试电力电缆实际泄漏电流值，也同时得出吸收比值。

（7）在每个阶段读取泄漏电流值时，应在电流值平稳后读取。升压过程中如果发现微安表指示过大，要查明原因并处理后再继续试验。

（8）每次试验后，先将自耦变压器调回到零位，切断自耦变压器电源开关，再切断总电源开关。检查电源确实切断后，用绝缘棒经过电阻放电。

（9）下次试验前，要先检查接地放电棒是否已从高压线路上拿开。

三、对试验结果的判断

泄漏电流只能用作判断绝缘情况的参考。电力电缆泄漏电流具有下列情况之一，说明电力电缆绝缘有缺陷，应找出缺陷部位，并进行处理：

（1）泄漏电流很不稳定。

（2）泄漏电流随时间有上升现象。

（3）泄漏电流随试验电压升高急剧上升。

四、直流耐压试验标准

直流耐压试验标准见表 9-1。

表 9-1　　　　　　　　　　　　交接试验标准

电缆类型	额定电压 U_o/kV	试验电压	试验时间/min
油浸纸绝缘电缆	3～10	$6U_o$	10
	15～35	$5U_o$	
不滴流油浸纸绝缘电缆	6	$5U_o$	5
	10	$3.5U_o$	
	35	$2.5U_o$	

续表

电缆类型	额定电压 U_0/kV	试验电压	试验时间/min
橡塑电缆	6		
	10	35kV	
	35	87.5kV	15
	66	144kV	
	110	192kV	

五、试验注意事项

（1）整流电路不同，硅整流堆所受的反向工作电压不尽相同。采用半波整流电路时，使用的反向工作电压不要超过硅整流堆的反向峰值电压的一半。

（2）硅整流堆串联运用时应采取均压措施。如果没有采取均压措施，则应降低硅整流堆的使用电压。

（3）试验时可分五个阶段均匀升压，升压速度一般保持在 $1\sim2kV/s$，每个阶段停留1min，并读取泄漏电流值。

（4）所有试验用器具及接线应放置稳固，并保证有足够的绝缘安全距离。

（5）电力电缆直流耐压试验后进行放电。通常先让电力电缆通过自身绝缘电阻放电，然后通过 $100k\Omega$，左右的电阻放电，最后直接接地放电。当电力电缆线路较长、试验电压较高时，可以采用几根水电阻串联放电。放电棒端部要渐渐接近微安表的金属扎线，反复放电几次，待不再有火花产生时，再用连接有接地线的放电棒直接接地。

第五节　电力电缆故障测试

一、电力电缆发生故障的原因

电力电缆故障产生的原因和故障表现形式是多方面的，有逐渐形成的，也有突然发生的；有单一故障，也有复合故障。电力电缆发生故障的原因主要有以下几种：

（1）外力损伤。很多电缆故障是由于电缆安装埋设过程中不注意或电缆埋设完后附近有其他施工作业或长期受到车辆、重物等压力和冲击力作用所造成的永久性故障。有些电缆故障属于损伤潜伏性故障，在带电运行几个月甚至几年时间后被破坏损伤的部位发展为电缆铠装穿孔、水汽侵入导致的永久性电缆故障。外力故障占全部故障的58%。

（2）接头故障。做接头时技术人员对接头工艺的把握不严格或接头材料不符合要求，不考虑环境温湿度影响，封堵不严使水汽进入接头，从而造成接头故障。

（3）长期的超负荷运行。由于长期的超负荷运行，电缆的本体温度会随之升高，使电缆的本体绝缘下降，尤其在炎热的夏季，电缆的温度升高常常使电缆薄弱处和接头处首先被击穿。

（4）电缆本体故障。这类故障出现的概率很小，主要是由于有的电缆制造厂家的制造工艺和电缆绝缘老化引起的。

（5）化学腐蚀。电缆路径通过有酸碱作业的地区，或者煤气站的苯蒸气往往造成电缆铠装或铅包大面积、长距离的腐蚀。

（6）地面下沉。电缆穿越公路、铁路及高大建筑物时，由于地面沉降而使电缆垂直受力变形，导致电缆铠装严重变形甚至折断而造成各种类型的故障。

（7）其他。拙劣的工艺、拙劣的接头与不按技术要求敷设电缆往往都是形成电缆故障的原因。有时在潮湿的气候条件下做接头，使接头的封装物内混入水蒸气而耐不住试验电压，往往形成闪络故障。

在对电缆故障发生的原因的分析中，要特别注意了解高压电缆敷设中的情况，若在电缆外表观察到可疑点，则应该查阅电缆安装敷设工作完成后的正确记录。这些记录应包括以下细节：①铜芯或铝芯导线的横截面积。②绝缘方式。③各个对接头的精确位置。④三通接头的精确位置。⑤电缆路径的走向。⑥在地下关系中，某一电缆到其他电缆或接头的情况及两种不同截面积的电缆对接头的精确位置；有无反常的敷设深度或者特别的保护措施，如钢板、穿管和排管等。⑦电缆敷设中的技工和技术员的姓名。⑧历次发生故障的地点及排除过程。

由于制造缺陷而造成的电缆故障是不多的。因此，对于故障的其他原因分析，如果充分考虑到上述细节，将缩短电缆维修人员的故障查找时间。

在电力电缆运行中，故障是不可能杜绝的，但大多数电缆故障是因为电缆路径上的野蛮开挖造成的。对于这种已暴露的损坏位置，直接进行电缆修复工作即可。但对于隐蔽的故障类型，则需要电缆故障测试，测试人员选择合适的测试方法，按照一定的测试步骤来测定故障的位置。电缆故障测试一般分为故障性质诊断、故障测距、电缆路径探测、故障定点四个步骤，测试流程如图9-7所示。

二、电力电缆故障性质诊断

电力电缆发生故障以后，必须首先确定故障的性质，然后才能确定用何种方法进行故障的测试，否则不但测不出故障点，而且会拖延抢修故障时间，甚至会因测试方法不当而损坏测试仪器。故障性质诊断是指确定故障电阻是高阻还是低阻；是闪络还是封闭性故障；是接地、短路、断路，还是它们的组合；是单相、两相还是三相故障。通常可以根据故障发生时出现的现象初步判断故障性质。例如，运行中的电缆发生故障时，若只给了接地信号，则有可能是单相接地故障；过电流保护继电器动作，出现跳闸现象，则此时可能发生了电缆两相或三相短路或接地故障，或是发生了短路与接地混合故障，发生这些故障时，短路或接地电流烧断电缆线芯，将形成断路故障。通过上述判断尚不能完全将故障的性质确定下来，还必须测量绝缘电阻和进行导通试验。

三、电力电缆故障测距

确定故障类型以后，要利用初测方法尽可能准确地测寻故障点，下面主要介绍脉冲和高压闪络法。

（一）低压脉冲法故障测距

低压脉冲法主要用于断路、短路、低阻故障（故障电阻在几百欧姆以下）电缆的测试。

1. 低压脉冲法测距原理及应用范围

低压脉冲法又称雷达法，它是向电缆中输入低压脉冲信号，当遇到阻抗不匹配的故障点时，该脉冲信号会产生反射，并返回到测量仪器。通过检测反射信号和发射信号的时间差，就可以测试出故障距离。

在电缆一端通过仪器将脉冲信号自测试端送入被测试电缆，该脉冲将沿电缆传播。当遇

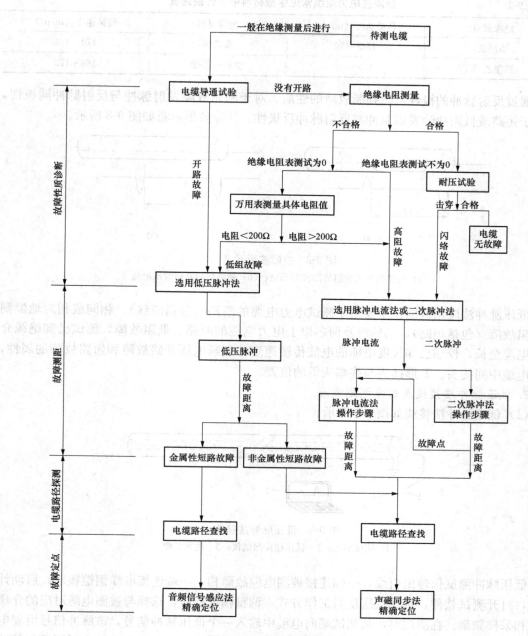

图 9-7　电缆故障测试流程

到阻抗不匹配点（故障点或中间接头）时，由于阻抗突变形成反射，脉冲返回到测量端并被记录下来。根据脉冲入射到返回所经过的时间 ΔT 和电波在电缆中的传播速度 V，可以计算出传播路径的长度，进而得到测试点到故障点的距离 S。

　脉冲在电缆中的传播速度对于准确地计算出故障距离很关键。脉冲在电力电缆常见绝缘材料中的传播速度（以经验值为基础）见表 9-2。

表 9-2　　　　　　　　　脉冲在电力电缆常见绝缘材料中的传播速度

绝缘材料	传播速度/(m/μs)	绝缘材料	传播速度/(m/μs)
油浸纸	156～170	聚乙烯	170～172
聚氯乙烯	175～90	交联聚乙烯	168～172

通过反射脉冲的极性可以判断故障的性质。对于断路故障发射脉冲与反射脉冲同极性，而对于短路或低阻故障发射脉冲与反射脉冲反极性。故障波形示意如图 9-8 所示。

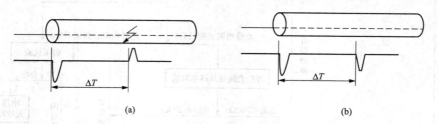

图 9-8　故障波形示意

（a）短路接地或低阻故障波形示意；（b）断路故障开路波形示意

低压脉冲法应用范围：主要用于测试电力电缆的断路（包括断线）、相间或相对地泄漏性低阻故障（包括短路），同轴线及两芯以上电力电缆的断路、低阻故障，测试已知绝缘介质的电缆全长，校准已知长度电缆的电波传输速度，判断电缆开路故障和短路故障的属性，测试电缆中间接头、T 形接头与终端头等的位置。

2. 低压脉冲法接线及故障测距波形

（1）低压脉冲法接线如图 9-9 所示。

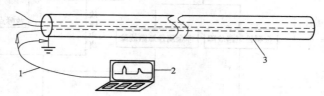

图 9-9　低压脉冲法接线

1—测试引线；2—低压脉冲测试仪；3—被测电缆

低压脉冲测试仪输出引线，一端连接被测电缆故障相，一端连接电缆钢铠接地，启动计算机，打开测试软件，选择低压反射工作方式，调整幅度旋钮，选择与被测电缆对应的介质速率和采样频率。在测试时，从测试端向电缆中输入一个低压脉冲信号，该脉冲信号沿着电缆传播，当遇到电缆中的断路或短路故障点时，测试界面的主显示区出现一个低压反射脉冲波形，当取得合适的波形时，暂停采样，判读波形，保存波形。

（2）故障测距波形。在测试仪器的屏幕上有两个光标，一个是实光标，一般把它放在屏幕的最左边，作为测试零端；另一个是虚光标，把它放在阻抗不匹配点反射脉冲的起始点处，这样在屏幕的右上角就会显示阻抗不匹配点距测试端的距离。

1）低压脉冲法实测断路故障波形。从图 9-10 中可以看出，全长 500m 的故障电缆反射脉冲与发射脉冲极性相同，说明电缆故障点已开路。当把实光标放在屏幕的最左边作为测试零端，虚光标移到一次反射波形的上升沿（阻抗不匹配点反射脉冲的起始点处）时，即可测量出故障点的距离，实测为 70m。图 9-11 所示为低压脉冲法实测断路故障波形。

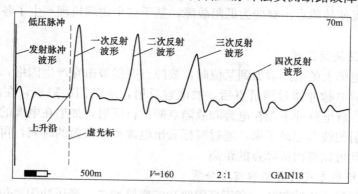

图 9-10　低压脉冲法实测断路故障波形

2）低压脉冲比较法实测低阻故障波形。当范围方式不变时，通过比较电缆故障相与完好相的脉冲反射波形，可以更容易地识别电缆故障点。先测量一完好相的脉冲反射波形，将其记忆下来；再测量故障相的脉冲反射波形，按"比较"键，将两波形同时显示在屏幕上，将光标移动至波形开始差异处，即为故障点。图 9-11 所示为低压脉冲比较法实测低阻故障波形。

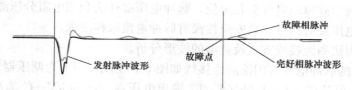

图 9-11　低压脉冲比较法实测低阻故障波形

3）关于波速度。即便电缆的绝缘介质相同，但不同厂家、不同批次的电缆，波速度也可能不完全相同，而如果知道电缆全长，就可以推算出电缆的波速度。分别测量此电缆对端开路和短路的波形，调节波速度，使波形开始出现差异点的距离等于电缆的长度，此时的仪器显示的波速度值即为此类电缆的波速度值。值得注意的是，电缆中波速度只与电缆的绝缘介质性质有关，而与导体芯线的材料与截面积无关。图 9-12 所示为电缆终端开路与短路脉冲反射比较波形。

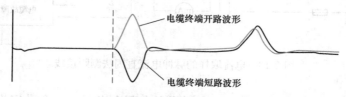

图 9-12　电缆终端开路与短路脉冲反射比较波形

（二）高压闪络法故障测距
高压闪络法主要用于电缆高阻故障（故障电阻在几百欧姆以上）的测距。由于故障点等效电阻较大（大于 10 倍的电缆波阻抗），在使用低压脉冲时，反射系数（反射脉冲幅度小于500）几乎为零，因得不到反射脉冲而无法测量。为了得到故障点反射脉冲，高阻故障电缆需要用高压闪络促使故障点击穿变为低阻故障，基于这个物理机理产生了各种各样的高压冲闪测距法。

1. 高压闪络法测距原理

当加到故障电缆上的电压增加到某值时，故障点突然被击穿产生闪络，产生向测量点运动的放电脉冲，放电脉冲通过测量点后，被电容反射，运动回故障点，在故障点再次被反射，返回测量点。放电脉冲不断在电容和故障点间进行反射，如果在电缆的测量点把瞬时跃变电流及来回反射的波形记录下来，通过时标看出电波来回反射的时间，再根据电波在电缆中的传播速度，就可以算出故障点的距离。

2. 高压闪络接线方式及典型的波形分析

高压闪络法包括高压冲闪法、高压直闪法和二次脉冲法。高压冲闪法包括脉冲电流冲闪测距方法、脉冲电压冲闪测距方法；高压直闪法包括脉冲电流直闪测距方法、脉冲电压直闪测距方法。这里讲述脉冲电流和脉冲电压是故障电缆闪络时对闪络信号的取样方法，也称脉冲电流取样法和脉冲电压取样法。脉冲电流取样法利用电磁感应原理（交变电流产生交变的磁场，交变的磁场切割线圈时，在线圈中就要产生感应电动势），用高导磁材料的电流互感器拾取地线上的电流信号来获得电缆中的电波电流反射信号。脉冲电流取样法与高压发生器、市电没有电气上的关系，所以特别安全，电流取样法所得波形周期多，反射波形特征拐点清晰，特别有利于故障距离分析和定位。脉冲电压取样法利用电阻分压测得电压信号来获得电缆中的电波电压反射信号，其安全性没有脉冲电流取样法强。

（1）高压直闪法测距接线方式及典型的波形分析。

1）电流取样的脉冲电流直闪法测距接线如图 9-13 所示，T1 为调压器，T2 为高压试验变压器，T1、T2 容量在 0.5～1.0kVA，T2 输出电压在 30～60kV；C 为高压储能电容器；L 为线性电流耦合器。调节 T1 输出电压，直至电缆故障点被 T2 输出高压击穿，电缆故障测试仪通过线性电流调合器 L 采集到接地回路中的瞬间接地电流并进行分析，最终测量出故障点的距离。

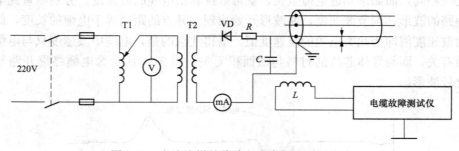

图 9-13　电流取样的脉冲电流直闪法测距接线

脉冲电流直闪波形如图 9-14 所示，在图形上有两个光标：一个是实光标，一般把它放在图形的最左边（测试端），设定为零点；另一个是虚光标，把它放在阻抗不匹配点反射脉冲的起始点处，这样测试仪器就会自动显示出阻抗不匹配点距测试端的距离。

2）电压取样的脉冲电压直闪测距接线方式及典型的波形分析。如图 9-15 电压取样的脉冲电压直闪测距接线所示，T1 为调压器，T2 为高压试验变压器，T1、T2 容量在 0.5～1.0kVA，T2 输出电压在 30～60kV；C 为高压储能电容器；R_1、R_2 为线性电阻取样器。调节 T1 输出电压，直至电缆故障点被 T2 输出高压击穿，电缆故障测试仪通过线性分压电阻 R_1、R_2 采集到接地回路中的瞬间接地电压并进行分析，最终测量出故障点的距离。

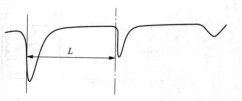

图 9-14　脉冲电流直闪波形

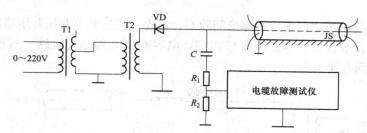

图 9-15　电压取样的脉冲电压直闪测距接线

典型的电压取样的脉冲电压直闪波形如图 9-16 所示。

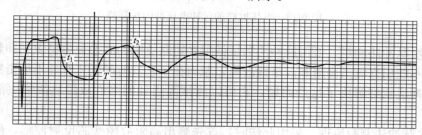

图 9-16　典型的电压取样的脉冲电压直闪波形

从图 9-16 可以看出，在电缆故障点被击穿而形成的短路电弧使故障点电压瞬时突变到接近零，即产生一个与所知直流负高压极性相反的正突跳电压。这个正突跳电压沿着电缆向测试端传播，并于时间 t_1 到达测试端，这个正突跳电压波在测量端产生正反射（因测量电阻远大于电缆特性阻抗，相当于开路反射），这个反射波又沿电缆向故障点传播，在到达故障点时又会被短路电弧反射而产生一个负突跳电压波（因故障点短路电弧的等效电阻远小于电缆的特性阻抗，相当于短路反射），并在时间 t_2 到达测量端。上述的反射过程将在测量端和故障点之间持续下去，但振荡的幅度越来越小，边沿越来越圆滑，这主要是电波在电缆中传输损耗和失真所致。

（2）高压冲闪法测距。

1）电流取样的脉冲电流冲闪法测距接线如图 9-17 所示，它与电流取样的脉冲电流直闪法接线基本相同，不同的是在储能电容 C 与电缆之间串入一球形间隙 G，通过调节调压升压器对电容 C 充电，当电容 C 上电压足够高时，球形间隙 G 击穿，电容 C 对电缆放电，这一过程相当于把直流电源电压突然加到电缆上去。

2）电压取样的脉冲电压冲闪法接线如图 9-18 所示，它与直闪法接线基本相同，不同的

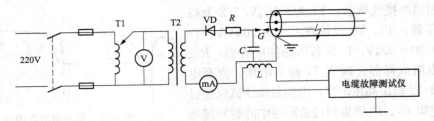

图 9-17 电流取样的脉冲电流冲闪法测距接线

是在储能电容 C 与电缆之间串入一球形间隙 G。首先，通过调节调压升压器对电容 C 充电，当电容 C 上电压足够高时，球形间隙 G 击穿，电容 C 对电缆放电，这一过程相当于把直流电源电压突然加到电缆上去。

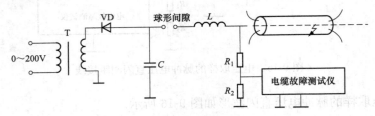

图 9-18 电压取样的脉冲电压冲闪法接线

（3）二次脉冲法测距。低压脉冲法测试低阻和短路故障的波形最容易识别和判读，但可惜的是，它不能用来测试高阻和闪络性故障，原因在于它发射的低压脉冲不能击穿这类故障点。二次脉冲法正好解决了这个问题，它可以测试高阻和闪络性故障，波形更简单，容易识别。

1）二次脉冲法测距原理。采用此法时，首先测出高阻故障线芯反射波形，然后在故障电缆线芯加高压直流电压，电压到达某一值且场强足够大时，介质击穿，形成导电通道，故障点被强大的电子流瞬间短路，即电缆故障点会突然被击穿，故障点电压急剧降低几乎为零，电流突然增大，产生放电电弧。根据电弧理论，此电弧的阻抗很小，可认为是低阻或短路故障，此时再测出低阻故障点的反射波形。将这两种反射波形图叠加后进行分析计算，两条波形曲线分开的地方即为故障点。

2）二次脉冲接线方式及典型波形分析。

a．二次脉冲法测试接线如图 9-19 所示。

二次脉冲处理单元的作用是将高压发生器产生的瞬时冲击高压脉冲引导到故障电缆的故障相上，保证故障点能充分击穿，并能延长故障点击穿后的电弧持续时间。同时，产生一个触发脉冲并启动二次脉冲自动触发装置和二次脉冲电缆故障测试仪。二次脉冲自动触发装置立即先后发出一个测试低压脉冲，经高频高压数据处理器传送到被测故障电缆上，利用电缆击穿后的电流电压波形特征和电弧熄灭后的全长反射回波，将两次完全测量的不同反射脉冲记录在显示屏上。一个脉冲波形反映电缆的全长，另一个脉冲波形反映电缆的高阻（高压击穿后短路）故障距离。

b．典型波形分析。在高压电弧产生的瞬间向电缆发射一低压脉冲，记下此反射波形，由于电弧可认为是低阻或短路故障，发射脉冲波形和反射脉冲波形极性相反，反射波形极性

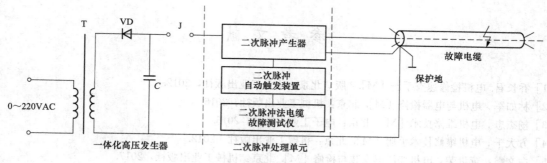

图 9-19　二次脉冲法测试接线

为负，波形向下。高压电弧反射波形如图 9-20 所示。

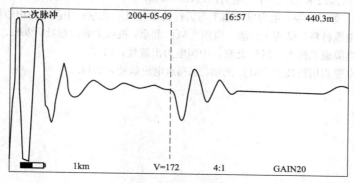

图 9-20　高压电弧反射波形

　　在升压前向电缆发射一低压脉冲，记录此反射波形，波形反映的是电缆末段开路（或全长波形）的脉冲波形。将两波形同时显示在屏幕上，由于两脉冲反射波形在故障点出现明显差异点，因此可容易地判断故障点位置，如图 9-21 所示。

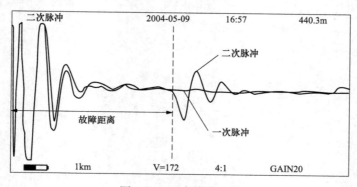

图 9-21　二次脉冲波形

参 考 文 献

[1] 乔长君. 电机检修速查手册 [M]. 2 版. 北京：化学工业出版社，2012.

[2] 林如军. 电机与电器检修 [M]. 北京：机械工业出版社，2016.

[3] 杨杰忠. 电机维修技术 [M]. 北京：电子工业出版社，2016.

[4] 方大千. 电机维修技术手册 [M]. 北京：机械工业出版社，2012.

[5] 白文霞，董贵荣. 电机变压器安装与检修 [M]. 北京：机械工业出版社，2017.

[6] 冯超. 电力变压器检修与维护 [M]. 北京：中国电力出版社，2013.

[7] 邢道清. 变压器检修与电气试验 [M]. 北京：机械工业出版社，2009.

[8] 张学武. 变压器检修技术 [M]. 中国电力出版社，2011.

[9] 魏华勇，孙启伟，彭勇，等. 电力电缆施工与运行技术 [M]. 北京：中国电力出版社，2013.

[10] 郭红霞. 电线电缆材料：结构·性能·应用 [M]. 北京：机械工业出版社，2012.

[11] 李光辉. 电力电缆施工技术 [M]. 北京：中国电力出版社，2017.

[12] 于景丰. 电力电缆实用新技术 [M]. 北京：水利水电出版社，2014.